山大草木图志

（青岛校区）

王蕙　张淑萍　张春雨　贺同利　郑培明　编著

山东大学出版社
SHANDONG UNIVERSITY PRESS

图书在版编目（CIP）数据

山大草木图志.青岛校区/王蕙等编著.--济南：山东大学出版社，2021.9
ISBN 978-7-5607-7149-6

Ⅰ.①山… Ⅱ. ①王… Ⅲ. ①山东大学-植物志-图集 Ⅳ. ①Q948.525.21-64

中国版本图书馆CIP数据核字（2021）第195439号

责任编辑 李昭辉
封面设计 王秋忆

出版发行 山东大学出版社
社　　址 山东省济南市山大南路 20 号
邮　　编 250100
电　　话 (0531)88363008
经　　销 新华书店
印　　刷 东港股份有限公司
规　　格 787 毫米 ×1092 毫米　1/24　16.25 印张　268 千字
版　　次 2021 年 9 月第 1 版
印　　次 2021 年 9 月第 1 次印刷
定　　价 120.00 元

《山大草木图志（青岛校区）》
编　委　会

总序

山东大学生命科学学院张淑萍老师、郭卫华老师、王蕙老师，儒学高等研究院纪红老师、研究生隗茂杰同学，药学院赵宇老师等，本着对山大之爱，齐力编著《山大草木图志》。茂杰嘱我写篇序，不好推辞。

与人类共生的是植物和动物，所以古书中记载植物和动物特别多，先秦古书《山海经》《诗经》《楚辞》《神农本草经》就是记载植物、动物较多的名著。大约产生于西汉初年的语言学专书《尔雅》中有专门的篇目《释草》《释木》《释虫》《释鱼》《释鸟》《释兽》《释畜》，可见古代对植物、动物的研究已达到很高的水平。

植物与文化也有很密切的关系。《诗经》的名篇《桃夭》开头说："桃之夭夭，灼灼其华，之子于归，宜其室家。"又《蒹葭》篇说："蒹葭苍苍，白露为霜，所谓伊人，在水一方。"让读者心旷神怡。屈原《离骚》善写香草美人，东汉王逸《离骚序》中指出："《离骚》之文，依《诗》取兴，引类譬喻，故善鸟香草，以配忠贞。"朱熹《春日》诗："胜日寻芳泗水滨，无边光景一时新。等闲识得东风面，万紫千红总是春。"脍炙人口。郑板桥《竹石》诗："咬定青山不放松，立根原在破岩中。千磨万击还坚劲，任尔东西南北风。"毛主席词《咏梅》："俏也不争春，只把春来报。待到山花烂漫时，她在丛中笑。"赋予竹子和梅花以高尚品质。文化艺术界早就有"梅兰竹菊四君子""岁寒三友竹梅松"的说法，引来了大量相关的诗词书画作品，极大丰富了植物与中国文化关系的内涵。即使在农民当中，也蕴藏着大量植物与文化的趣事。在特殊的年代里，农业生产脱离科学，一位生产队社员数落庄稼："天天愁给你遮阳，萋萋芽给你挠痒痒，粪蛋子臭不着你，你为什么不长呢？""天天愁""萋萋芽"都是野草。"天天愁"有的地方叫"铁苋菜"，棵稍高，大叶，色紫。"萋萋芽"有的地方叫"萋萋菜"，棵矮，叶子有刺。说明田地里长草，又不施肥，还要责问庄稼为什么不长。这位农民诙谐而智慧的韵语，寓意深刻，不知采风者注意到没有。

《论语·阳货》记载了一段孔子的话：“子曰：小子何莫学夫诗？诗可以兴，可以观，可以群，可以怨。迩之事父，远之事君。多识于鸟兽草木之名。”人与自然，人与草木鸟兽，有着相互依存的最密切的关系，认识你自己，就要认识自然，认识草木鸟兽。山东大学是我们师生学习生活的摇篮，校园的一草一木都与我们有着密切的关系。认识山大，认识山大的草木花卉，毫无疑问会增加我们的知识，还会培养高雅的情趣。这本《山大草木图志》早已超越了科学意义上的植物学属性，而被作者赋予了深厚的情感，真挚的爱。这是写这篇序的真实感受，也是生物学家、药物学家与儒学院师生跨学科合作的真正答案吧。

杜泽逊

（山东大学文学院院长，教授、博士生导师）

2020年5月8日于济南

序一　鸟语花香 生态校园

——贺《山大草木图志（青岛校区）》出版

山东大学青岛校区从建校伊始，就非常注重校园绿化，经过多年培育，基本形成了乔木、灌木、藤本和草本植物有序组合，常绿、落叶、观花、观果、观叶植物季节交替，行道树、花坛和草坪错落搭配的绿化格局。丰富多样的植物不仅引来了多种鸟类等小动物，也使校区初具“生态校园”的韵味。2021 年是山东大学建校一百二十周年，也是青岛校区启用五周年，此时编辑出版《山大草木图志（青岛校区）》一书，既是对青岛校区校园绿化、生态环境和校园文化建设的总结，也是对百廿年山大校庆的献礼。

本书第一作者王蕙副教授毕业于日本名古屋大学，专业是植物资源学。在读期间，她就对名古屋大学的校园植物有所观察和研究，并以校园常绿植物柃木的繁殖为研究内容，完成了博士学位论文，获得了农学博士学位。2018 年来山东大学生命科学学院任职后，王蕙副教授从事植物生态研究工作，并承担了“生态学与人类未来”“生物多样性与人类”等全校通识课程的授课工作，深受学生欢迎。授课期间，王蕙副教授经常带领学生认识校园植物，工作之余，她也与对植物感兴趣的学生一起调查、研究、鉴赏校园植物，在此基础上与他人合作完成了《山大草木图志（青岛校区）》一书。作者的辛勤付出值得称赞，在此向作者的劳动付梓成书表示热烈祝贺！

就大学校园而言，一草一木都是育人的宝贵资源。促进学生德、智、体、美、劳全面发展，离不开良好的校园自然环境。校园植物具有不可替代的作用，不管是不起眼的小草还是人人熟悉的月季、樱花，无论是参天大树还是低矮的草坪，都是校园文化和育人环境的组成部分，都会给学子留下难忘的记忆。

草木有情，草木有价！每个山大人都应该关心、爱护、善待草木，让草木根深、叶茂、花香、果硕，为校园提供更多的氧气、绿荫、美景和生态产品，为师生们的学习、科研、创新、生活、美育等提供更多的绿色氛围！

王蕙副教授邀请我写序，尽管我不是植物学者，但作为山大青岛校区建设、发展和绿化的见证人，作为校园文化委员会的组织者，我可谓是“责无旁贷”。希望《山大草木图志（青岛校区）》一书在认知校园植物、推广植物知识、传播生态文明思想、促进人与自然和谐、营造育人环境等方面为师生和社会提供参考和帮助。也期待作者继续关注校园绿化和规划建设，不断补充、完善本书，使本书能够为学校通识教育、美育、科普工作提供支持，在校园文化建设中发挥更大的作用。

张永兵

（山东大学党委副书记，曾任青岛校区建设指挥部总指挥、青岛校区党工委书记）

2021 年 9 月 10 日于青岛

序二　一花悟世界

2021年是山东大学百廿华诞。自1901年建校以来，山大历经风雨，数经变迁。2016年，山东大学（青岛校区）正式启用，形成了“一校三地”（济南、威海、青岛）、八个校区的办学格局。红瓦、绿树、碧海、蓝天，概括了青岛的景观特色；蓝天白云下的崂山北侧，鳌山湾畔，占地二百多公顷的青岛校区是一座美丽的大学校园。新校园，新起点，新生活，新发展，校园的优美离不开各类植物的点缀，它们静静兀立、红花绿叶、春华秋实，与红瓦覆盖的青岛校区融为一体，成为山大校园文化的组成部分。春为百花夏成荫，秋披霜红冬傲雪，校园植物也是山东大学的成员，它们与我们共度每一个春夏秋冬，共同经历每一场风雨雷电，目睹了每一届学子的寒窗苦读和快乐幸福的毕业季。

山东大学青岛校区依山傍海的独特自然环境造就了它与其他校区不同的植物类群，呈现出无比美丽的花海与绿叶世界。作为本科生“植物学”这门课程的负责人，我一直希望将这份校园植物欣欣向荣的景象以不同的方式和视角分享给诸位老师与同学。为了帮助大家了解这些植物以及它们所代表的校园文化，王蕙老师与来自生命科学学院的老师和同学们历时三年，对校区的花草树木进行了统计分析，记录了数百种植物，并用相机留下了它们最美时刻的样子，融汇了它们在诗歌等文学作品中的相关诗句，汇编成了这本草木图志。

青岛校区作为山东大学在生态校园、绿色校园建设方面的引领和典范，在校园绿化方面进行了周密的设计、严格的施工和精心的管理，造就了今天草木繁多、鸟语花香的生态校园。人工栽植繁育的花草树木，自然环境下生存的海滨小草，都是青岛校区独有的植物资源，是师生们休憩、观赏、拍照的背景和难忘的记忆。随着青岛校区二期建设工作的推进，相信青岛校区的植物种类将更加繁多，植物景观将更加绚丽多姿。

校园的一草一木、一花一果都是山大校园文化和植物多样性的体现，也是学子们认知植物的天然实验室，学生们不仅可以在校园里了解和认识更多的植物，掌握更多的植物学、生态学知识，更可以从中感悟世界的美好和深奥。《山大草木图志（青岛校区）》作为山大百廿华诞献礼，具有重要的价值；同时这也是一届届莘莘学子的美好回忆和他们美好的校园生活岁月的青春印证。相信这本书将引导大家从新的视角去认识我们美丽的校园，感悟与校园植物在一起生活的人生。

张　伟

（山东大学生命科学学院副院长、教授、齐鲁青年学者）

2021年9月10日于青岛

使用 *Introduction* 「说明」

1. 章节设置

本书共分为绿树成荫、芳华满树、灌木参差、藤蔓宛转、芳草萋萋、蒹葭苍苍六部分，分别介绍林荫树、观花树、灌木植物、藤本植物、草本植物和湿地植物。其中，林荫树主要涵盖了树高一般在 10 米以上的行道树（一球悬铃木、乌桕、梓等）、非赏花的庭院树（榆树、桑、元宝槭等）和全部裸子植物（银杏、水杉、油松等）；观花树主要包括了以赏花为主的乔木和小乔木，如玉兰、梅、桃、木瓜、西府海棠、梨等。

2. 物种编排顺序

考虑到本书面向的读者以非生物专业的师生员工和普通读者为主，因此书中的物种编排未按照传统的系统分类学框架进行，而是把收录的物种分为林荫树、观花树、灌木植物、藤本（包含部分缠绕草本或攀援草本）植物、草本植物和湿地植物六大类，即分成绿树成荫、芳华满树、灌木参差、藤蔓宛转、芳草萋萋和蒹葭苍苍六部分，以便于读者理解和接受。每一部分内，物种的排序按照开花时间，便于读者在观察植物时对照学习。对于开花时间接近的物种，则尽可能将同科属的物种放在一起，便于学习时比较鉴别。

3. 物种介绍

物种的介绍包括物种信息页和图文页。物种信息页一般包括物种的中文名、科属、中文别名、拉丁学名、英文名、物种特征等基本信息和一张代表性照片。图文页一般包括一至多张突出植物部分形态特征（如花、果实、叶片、树皮等）的照片，或者该植物在不同物候期（展叶期、花果期）的照片，或者该物种形成的校园景观照片;同时，物种图文页多配有相关的古今中外文学作品，以便读者更好地了解植物文化。物种信息页的信息性较强，图文页的欣赏性或探究性较强。物种信息页和图文页的使用说明见下页图示。

4. 索引

书后特别编制了书中涵盖物种的中文名索引和拉丁名索引，供广大读者参考检索自己感兴趣的植物。

中文名　拼音

líng xiāo

凌霄

科属

紫葳科凌霄属，又名“上树龙”“五爪龙”“九龙下海”“接骨丹”“过路蜈蚣”“藤五加”“搜骨风”“白狗肠”“堕胎花”“苕华”“紫葳”。——中文别名

Campsis grandiflora **(Thunb.) Schum.** —— 拉丁学名

Chinese Trumpetcreeper —— 英文名

特征 —— **特征：** 攀援藤本植物，奇数羽状复叶，小叶 7~9 片，卵形或卵状披针形，先端尾尖，基部宽楔形，侧脉 6~7 对，两面无毛，有粗齿；叶轴长 4~13 厘米，小叶柄长 0.5~1 厘米，花序长 15~20 厘米；花萼钟状，裂至中部，裂片披针形；花冠内面鲜红色，外面橙黄色，长约 5 厘米，裂片半圆形；雄蕊着生花冠筒，近基部，花丝线形，花药黄色，“个”字形着生；花柱线形，柱头扁平、两裂；蒴果顶端较钝。

花期为 5~8 月。

用途 —— **用途：** 可供观赏及入药，花为通经利尿药，可治疗跌打损伤等症。

位置 —— **位置：** 校友林。

花语 —— **花语：** 敬爱、坚持。

物种照片

披云似有凌霄志，向日宁无捧日心。
珍重青松好依托，直从平地起千寻。
——宋 · 贾昌朝《咏凌霄花》

植物文化与背景知识

青岛校区手绘地图

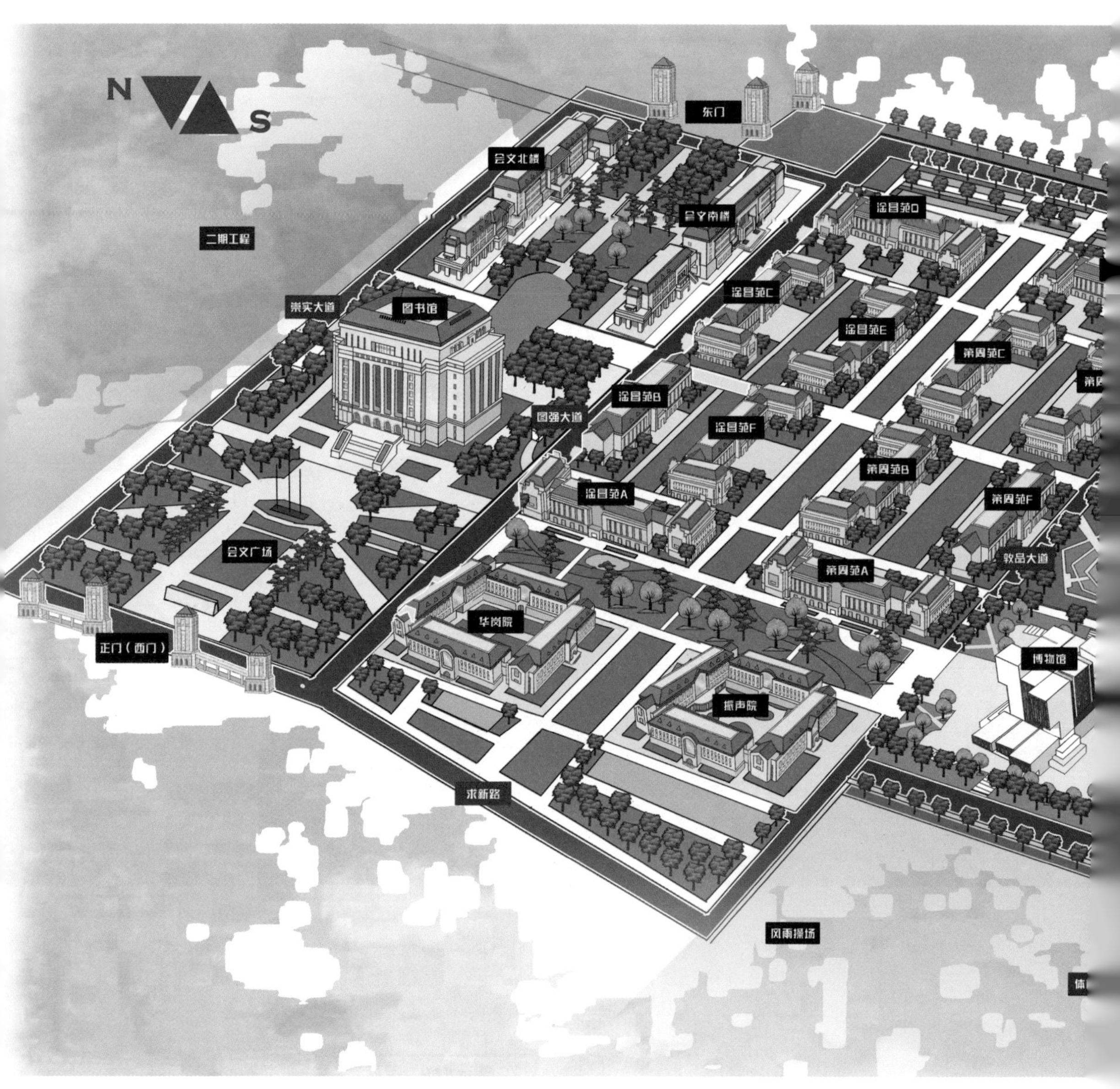

本图来自山东大学青岛校区学生组织，由生命科学学院 2018 级王子辰同学绘于 2019 年，已由本人授权。在本书中只用于指示草木分布位置，近期由于校区建设所发生的变更已在物种描述中予以说明。

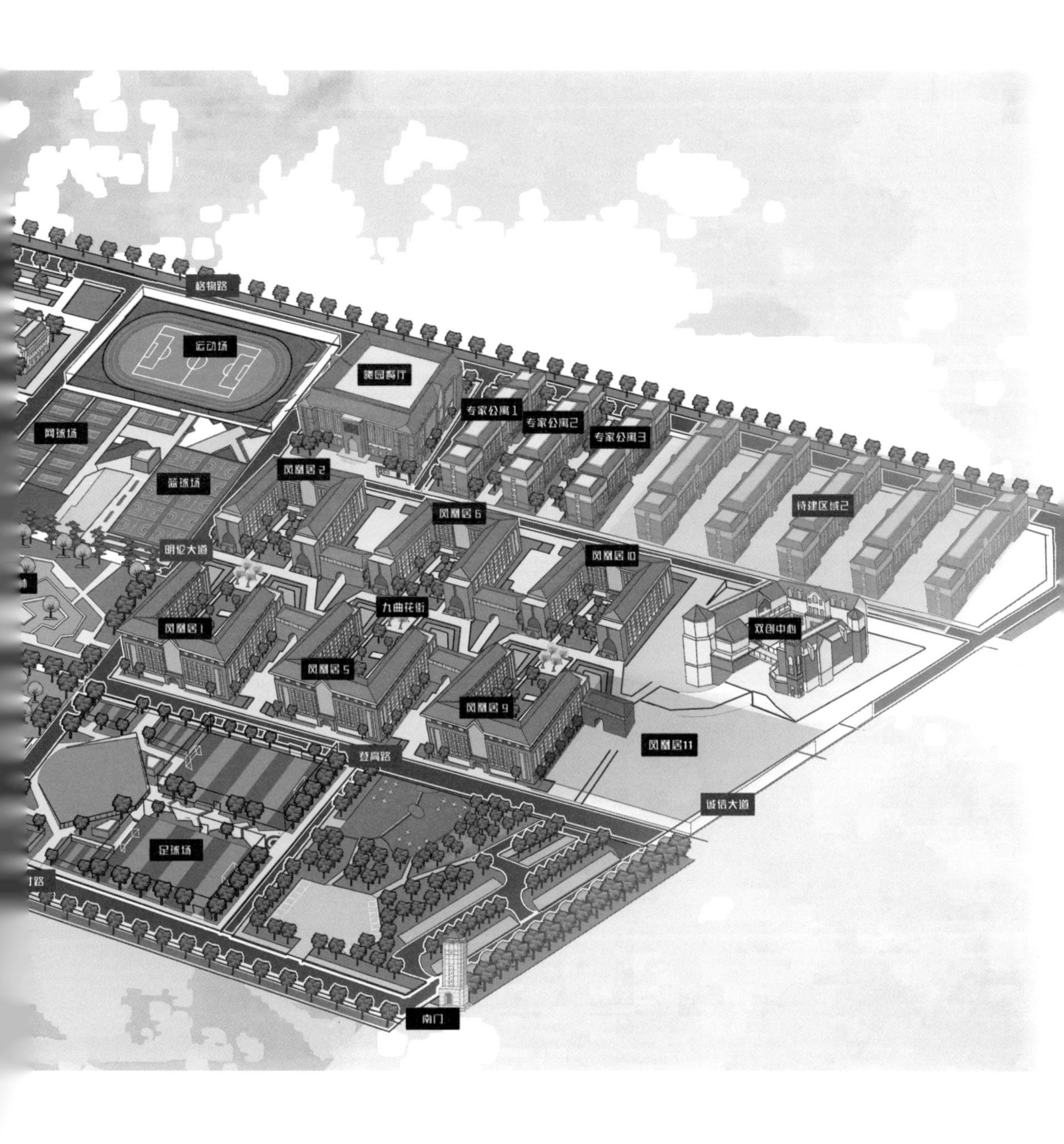
格物路
运动场
膳园餐厅
专家公寓1
专家公寓2
专家公寓3
网球场
篮球场
凤凰居2
凤凰居6
待建区域2
明亿大道
凤凰居10
九曲花街
凤凰居1
双创中心
凤凰居5
凤凰居9
凤凰居11
登高路
诚信大道
足球场
南门

目录
Content

绿树成荫

芳华满树

灌木参差

藤蔓宛转

芳草萋萋

蒹葭苍苍

绿树成荫

yín xìng
银杏

银杏科银杏属，又名“鸭掌树”“鸭脚子”“公孙树”“白果”。

***Ginkgo biloba* L.**

Ginkgo

特征： 乔木；树皮灰褐色，纵裂；大枝斜展，一年生枝呈淡褐黄色，二年生枝变为灰色，短枝黑灰色；叶扇形，上缘有浅或深的波状缺裂，有时中部缺裂较深，基部呈楔形，有长柄；在短枝上 3~8 叶簇生；雄球花淡黄色，雌球花淡绿色；种子椭圆形、倒卵圆形或近球形，成熟时呈黄色或橙黄色，覆有白色粉末，外种皮肉质有特殊气味，中种皮骨质、白色，有 2~3 纵脊，内种皮膜质，呈黄褐色；胚乳肉质，呈胚绿色。

花期为 3~4 月，果期为 9~10 月。

用途： 我国特有植物，为速生珍贵的用材树种，供建筑、家具、室内装饰、雕刻、绘图版等所用；种子可供食用（多食易中毒）及药用；叶可作药用和制杀虫剂，亦可作肥料；种子的肉质外种皮含白果酸、白果醇及白果酚，有毒；树皮含单宁。银杏树外形优美，春夏两季叶色嫩绿，秋季变成黄色，颇为美观，可作为庭园树及行道树。

位置： 校友林东侧道路，会文广场南北两侧。

花语： 坚韧与沉着、纯情、永恒的爱。

深灰浅火略相遭，小苦微甘韵最高。
未必鸡头如鸭脚，不妨银杏伴金桃。
——宋 · 杨万里《银杏》

bái qiān

白扦

松科云杉属，又名“毛枝云杉”“刺儿松”“红扦云杉”“钝叶杉”“罗汉松” “白儿松” “红扦” “白杄”。

Picea meyeri **Rehder & E. H. Wilson**

Meyer’s spruce

特征： 乔木，高度可达 30 米；树皮灰褐色，可裂成不规则薄块并呈片状脱落；一年生枝黄褐色，密被或疏被短毛（有时无毛），基部宿存芽鳞反曲；冬芽圆锥形，间芽或侧芽卵状圆锥形，黄褐色或褐色，微有树脂；叶四棱状条形，微弯，先端钝尖或钝，横切面四菱形，四面有粉白色气孔线，上两面各有 6~7 条，下两面各有 4~5 条；球果长圆状圆柱形，熟前呈绿色，熟时呈褐黄色；中部种鳞为倒卵形，上部为圆形、截形或钝三角形；种子连翅长约 1.3 厘米。

花期为 4 月，球果在 9~10 月成熟。

用途： 可作为建筑、电线杆、桥梁、家具及木纤维工业原料用材；宜作华北地区高山上部的造林树种，亦可作为庭园树栽种，我国北方庭园多有栽种。

位置： 凤凰居 3 号楼与凤凰居 4 号楼附近。

幽栖尘想绝，岩阁倚杉松。吟思禅中尽，霜髭病后浓。
溪闲澄夜月，山静答秋钟。寂寞怀高趣，残阳独倚筇。
——宋·释智圆《寄石城行光长老》

shuǐ shān

水杉

杉科水杉属，为世界上珍稀的孑遗植物。

***Metasequoia glyptostroboides* Hu & W. C. Cheng**

Dawn redwood

特征： 落叶乔木，树干基部常膨大；树皮灰色、灰褐色或暗灰色，幼树的树皮常裂成薄片状脱落，老树的树皮常裂成长条状脱落，内皮淡紫褐色；大枝不规则轮生，小枝对生或近对生，侧生小枝排成羽状，冬季凋落；叶、芽鳞、雄球花、雄蕊、珠鳞与种鳞均交互对生；叶线形，质软，在侧枝上排成羽状；雄球花排成总状花序或圆锥状花序，雌球花单生或侧生小枝顶端；球果下垂，当年成熟，外观近球形，种子扁平。

花期为2月，球果在10~11月成熟。

用途： 可作为房屋建筑、板料、电线杆、家具及木纤维工业原料等使用；生长快，可作为长江中下游、黄河下游、南岭以北、四川盆地中部以东广大地区的造林树种及环境绿化树种；树姿优美，为著名的庭园树种。

位置： 振声苑北楼北侧，敦品大道旁。

花语： 古老。

幸忝君子顾，遂陪尘外踪。闲花满岩谷，瀑水映杉松。
啼鸟忽归涧，归云时抱峰。良游盛簪绂，继迹多夔龙。
讵枉青门道，胡闻长乐钟。清晨去朝谒，车马何从容。
——唐·王维《韦侍郎山居》

bái pí sōng

白皮松

松科松属，又名“蟠龙松”“虎皮松”“白果松”“三针松”“白骨松”“美人松”。

Pinus bungeana **Zucc. ex Endl**

Bunge's pine

特征： 高大乔木，高度可达 30 米；主干明显，或从树干近基部分生出数根枝干；幼树树皮为灰绿色，平滑，长大后树皮可裂成不规则片状并脱落，内皮为淡黄绿色，老树树皮为淡褐灰色或灰白色，可呈片块状脱落露出粉白色内皮，呈白褐相间或斑鳞状；一年生枝为灰绿色，无毛；冬芽为红褐色，卵圆形，无树脂；针叶三针为一束，树脂道 4~7 道，边生或边生与中生并存；球果呈卵圆形；种子灰褐色，种翅短。

花期为 4~5 月，球果在翌年 10~11 月成熟。

用途： 可作为房屋建筑、家具、文具等的用材；种子可食；树姿优美，树皮白色或褐白相间，极为美观，为优良的庭园树种。

位置： 淦昌苑 B 座北侧，华岗苑东侧。

花语： 坦率、一帆风顺。

五针为松三针栝，名虽稍异皆其侪。
牙槎数枝倚睥睨，岁古不识何人栽。
——清·乾隆皇帝《承光殿古栝行》

yóu sōng

油松

松科松属，又名“巨果油松”“紫翅油松”“东北黑松”“短叶马尾松”“红皮松”“短叶松”。

Pinus tabuliformis **Carriere**

Chinese pine

特征： 乔木；树皮灰褐色或褐灰色，裂成不规则且较厚的鳞状块片，裂缝及上部的树皮为红褐色；针叶两针为一束，粗硬；雄球花圆柱形，在新枝下部聚生成穗状；球果卵形或圆卵形，有短梗，向下弯垂，成熟前呈绿色，成熟后呈淡黄色或淡褐黄色，常宿存于树上达数年之久；中部种鳞近矩圆状或倒卵形，鳞盾肥厚、隆起或微隆起，呈扁菱形或菱状多角形，横脊显著，鳞脐凸起有尖刺；种子卵圆形或长卵圆形，淡褐色有斑纹；初生叶为窄条形，先端尖，边缘有细锯齿。

用途： 心材呈淡黄色或红褐色，边材呈淡黄白色，纹理直，结构较细密一致，材质较硬，比重为 0.4~0.54，富含树脂，耐久用，可作为房屋建筑、电线杆、矿柱、造船、器具、家具及木纤维工业等的用材；树干可割取树脂，提取松节油;树皮可提取栲胶;松节、松针（即针叶）、花粉均可入药。

位置： 在校园内多处栽植。

花语： 健康、长寿、安居。

咬定青山不放松，立根原在破岩中。
千磨万击还坚劲，任尔东西南北风。
——清 · 郑燮《竹石》

xuě sōng
雪松

松科雪松属，世界著名的庭园观赏树种之一。

Cedrus deodara **(Roxb. ex D. Don) G. Don**

Cedar

特征： 乔木，枝下高很低；树皮深灰色，裂成不规则的鳞状块片；大枝平展，枝梢微下垂，树冠呈宽塔形；针叶先端尖锐，常呈三棱状，上面两侧各有 2~3 条气孔线，下面两侧各有 4~6 条气孔线，幼叶气孔线覆有白色粉末；球果卵圆形、宽椭圆形或近球形，成熟前呈淡绿色，微覆有白色粉末，熟时呈褐色或栗褐色；中部的种鳞上部宽圆或平，边缘微内曲，背部密生短绒毛；种子近三角形。

用途： 边材白色，心材褐色，纹理通直，材质坚实、致密而均匀，比重约为 0.56，有树脂，具香气，少翘裂，耐久用；可作为建筑、桥梁、造船、家具及器具等的用材。雪松终年常绿，树形美观，为普遍栽植的庭园树。

位置： 华岗苑天井。

花语： 正直、坚忍。

大雪压青松，青松挺且直。
要知松高洁，待到雪化时。
——陈毅《青松》

zǎo yuán zhú

早园竹

禾本科刚竹属，形成的竹林四季常青、挺拔秀丽。

Phyllostachys propinqua **McClure**

Propinquity bamboo

特征： 幼竿绿色（基部数节间常为暗紫色带绿色），被以渐变厚的白粉，光滑无毛；竿环微隆起，与箨环同高；箨鞘背面淡红褐色或黄褐色，另有颜色深浅不同的纵条纹，无毛亦无白粉，上部两侧常先变干枯而呈草黄色，被紫褐色小斑点和斑块，尤以上部为密；无箨耳及鞘口缝毛;箨舌淡褐色，拱形，有时中部微隆起，边缘生短纤毛;箨片披针形或线状披针形，绿色，背面带紫褐色，平直，外翻；末级小枝具 2~3 叶；常无叶耳及鞘口缝毛；叶舌强烈隆起，先端拱形，被微纤毛；叶片披针形或带状披针形，长 7~16 厘米，宽 1~2 厘米。

用途： 其竹笋的笋味较好，可供食用；竹材可劈篾供编织，整竿宜作柄材、晒衣竿等。

位置： 华岗苑天井。

花语： 节节高升。

竹映风窗数阵斜，旅人愁坐思无涯。
夜来留得江湖梦，全为乾声似荻花。
——唐 · 唐彦谦《竹风》

shān hú pò

珊瑚朴

榆科朴属，又名“棠壳子树”，较能适应城市环境，可作为行道树、庭园树及防护林树种等。

***Celtis julianae* Schneid.**

Chinese hackberry

特征： 落叶乔木；冬芽深褐色，内层芽鳞被红褐色柔毛；叶宽卵形或卵状椭圆形，先端骤短渐尖或尾尖，基部近圆，或一侧圆、一侧宽楔形，上面稍粗糙，下面密被柔毛，近全缘或上部具有浅钝齿；果单生叶腋，椭圆形或近球形，无毛，成熟时为金黄色或橙黄色，果柄粗；核乳白色，倒卵圆形或倒宽卵圆形，上部具 2 肋，稍有网孔状凹陷。

花期为 3~4 月，果期为 9~10 月。

用途： 木材可用作家具、农具、建筑、薪炭的用材；其树皮富含纤维，可作为人造棉或造纸等原料；果核可榨油，供制皂或作为润滑油使用。

位置： 敦品大道。

花语： 朴实。

山前古木不知年，婆娑黛色上参天。霜柯反足斗龙虎，偃盖倒影鸣蜩蝉。
绿叶参差有生意，中间孔穴萃虫蚁。上枝杳杳横苍云，下根落落穿厚地。
树傍古庙祀土神，人来酹酒浇树根。但愿神灵长血食，树木与人终古存。
村中老人长孙子，自言此树多年纪。忆作儿童上树时，今见根柯已如此。
曾经丧乱见太平，几遇斧斤还不死。山僧爱此来诛茅，盘郁苍翠当檐栊。
待余六月携床至，卧听南风鸣海涛。
——明 · 张羽《古朴树歌》

chuí liǔ

垂柳

杨柳科柳属，即通常所说的“柳树”。

***Salix babylonica* L.**

Weeping willow

特征：乔木，高度可达 18 米；枝细长下垂，无毛；叶窄披针形或线状披针形，基部楔形，两面无毛或微有毛，下面淡绿色，有锯齿；叶柄有柔毛，萌枝托叶斜披针形或卵圆形，有齿；花序先于叶开放或与叶同放；雄花序有短梗，轴有毛；雄蕊 2 枚，花丝与苞片近等长或较长，基部有若干长毛，花药红黄色；苞片披针形，外面有毛；腺体 2 个；雌花序有梗，基部有 3~4 个小叶，轴有毛；子房无柄或近无柄，花柱短，柱头上有 2~4 个深裂；苞片披针形，外面有毛；腺体数为 1 个；蒴果长 3~4 毫米。

花期为 3~4 月，果期为 4~5 月。

用途：为优美的绿化树种，木材可供制家具；枝条可编筐；树皮含鞣质，可提制栲胶；叶可作羊饲料。

位置：华岗苑东侧池塘边。

花语：愁伤。

碧玉妆成一树高，万条垂下绿丝绦。
不知细叶谁裁出，二月春风似剪刀。
——唐 · 贺知章《咏柳》

hàn liǔ

旱柳

杨柳科柳属，常生长在干旱地或水湿地。

***Salix matsudana* Koidz.**

Hankow willow

特征： 乔木，枝细长，直立或斜展，无毛，幼枝有毛；芽微有柔毛；叶披针形，基部窄圆形或楔形，下面苍白或带白色，有细腺齿，幼叶有丝状柔毛；叶柄上面有长柔毛，托叶披针形或无托叶，有细腺齿；花序与叶同放；雄花序呈圆柱形，有若干花序梗，轴有长毛；雄蕊 2 枚，花丝基部有长毛，苞片卵形，腺体 2 个；雌花序基部有 3~5 个小叶生于短花序梗上，轴有长毛；子房近无柄，无毛，花柱缺失或很短，柱头卵形，近圆裂，苞片同雄花，腺体 2 个，背生和腹生。

花期为 4 月，果期为 4~5 月。

用途： 木材白色，质轻软，比重约为 0.45，可供建筑器具、造纸、人造棉、火药等用；细枝可编筐；叶可作为冬季羊饲料。旱柳为早春蜜源树，又为固沙保土的环境绿化树种。

位置： 华岗苑东侧池塘边。

花语： 离别之情。

无风才到地，有风还满空。
缘渠偏似雪，莫近鬓毛生。
——唐·雍裕之《柳絮》

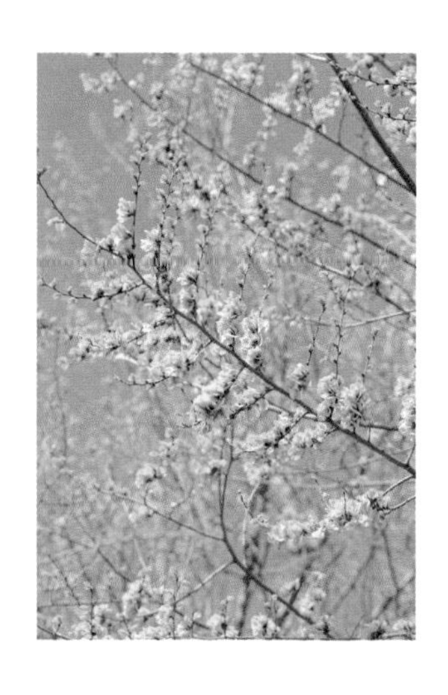

jīn yè yú

金叶榆

榆科榆属，又名“中华金叶榆”。

Ulmus pumila **L. cv ‘Jinye’**

Golden leaf ulmu

特征：落叶乔木，高度可达 25 米，树皮暗灰色；单叶互生，叶片卵状长椭圆形，金黄色，先端尖，基部稍歪，边缘有不规则单锯齿；叶腋排成簇状花序；翅果近圆形，种子位于翅果中部。

花期为 3~4 月，果期为 4~6 月。

用途：2004 年由河北省林业科学研究院培育成功。金叶榆枝条密集，树冠丰满，造型丰富，广泛用于道路及庭园绿化。

位置：会文南楼西侧，学生公寓 2 号楼北侧。

榆柳荫后檐，桃李罗堂前。
暧暧远人村，依依墟里烟。
——晋·陶渊明《归园田居·其一》

yú shù

榆树

榆科榆属，又名“白榆”“家榆”“榆”“琅琊榆”。

Ulmus pumila **L.**

Siberian elm

特征： 落叶乔木，小枝无木栓翅；冬芽内层芽鳞边缘生有白色长柔毛；叶椭圆状卵形、长卵形、椭圆状披针形或卵状披针形，先端渐尖或长渐尖，基部一侧楔形或圆形，一侧圆形或半心形，上面无毛，下面幼时被短柔毛，后部无毛，或部分脉腋具簇生毛，有重锯齿或单锯齿；侧脉 9~16 对；花在去年生枝叶腋呈簇生状；翅果近圆形，少见倒卵状圆形，仅顶端缺口柱头面被毛，余无毛；果核位于翅果中部，其色与果翅相同；宿存花被无毛，浅裂 4 个，具缘毛。

花果期为 3~6 月。

用途： 边材窄，淡黄褐色；芯材暗灰褐色，纹理直，结构略粗，坚实耐用；树皮内含淀粉及黏性物，磨成粉后称“榆皮面”；枝皮纤维坚韧，可代麻制绳索、麻袋或作为人造棉与造纸的原料；幼嫩翅果与面粉混拌可蒸食，老果含油 25%，可供医药和轻工业（如轻化工）使用；叶可作饲料；树皮、树叶及翅果均可入药，能安神、利小便。

位置： 乐水居西侧路边。

花语： 希望。

细思皆幸矣，下此便翛然。
莫道桑榆晚，为霞尚满天。
——唐·刘禹锡《酬乐天咏老见示》

huī qiū

灰楸

紫葳科梓属，又名“光灰楸”“紫花楸”“楸木”“紫楸”“川楸”“滇楸”。

***Catalpa fargesii* Bur.**

Chinese bean tree

特征： 乔木，幼枝、花序、叶柄均被分枝毛；叶厚似纸质，卵形或三角状心形，先端渐尖，基部平截或微呈心形，侧脉 4~5 对，基部 3 出，幼叶上面微被分枝毛，下面较密，后脱落无毛；顶生伞房状总状花序，有 7~15 朵花；花萼两裂达基部，裂片卵圆形；花冠淡红或淡紫色，内面具紫色斑点，呈钟状；雄蕊 2 枚，内藏，退化雄蕊 3 枚，药室叉开；花柱丝状，柱头两裂；蒴果细圆柱形，下垂；种子椭圆状线形，薄膜质，两端具丝毛。

花期为 3~5 月，果期为 6~11 月。

用途： 常作为庭园观赏树、行道树栽植；木材细致，为优良的建筑、家具用材树种；嫩叶和花可供蔬食，叶可喂猪；果实和根皮可入药；皮、叶浸液可作农药，可治稻螟、飞虱。

位置： 淦昌苑 D 座、第周苑 D 座东西两侧的道路。

花语： 寂寞。

遵彼汝坟，伐其条枚。
未见君子，惄如调饥。
遵彼汝坟，伐其条肄。
既见君子，不我遐弃。
鲂鱼赪尾，王室如毁。
虽则如毁，父母孔迩。
——先秦·佚名《周南·汝坟》
（注：“条”即灰楸）

sāng
桑

桑科桑属，又名“桑树”“家桑”“蚕桑”。

Morus alba **L.**

White mulberry

特征： 乔木或灌木状；叶卵形或宽卵形，先端尖或渐短尖，基部圆形或微心形，锯齿粗钝，有时缺裂，上面无毛，下面脉腋具簇生毛；叶柄被柔毛；花雌雄异株，雄花序下垂，密被白色柔毛，雄花花被椭圆形，淡绿色；雌花序被毛，花序梗被柔毛，雌花无梗，花被倒卵形，外面边缘被毛，包围子房，无花柱，柱头两裂，内侧具乳头状突起；聚花果卵状椭圆形，红色至暗紫色。

花期为 4~5 月，果期为 5~8 月。

用途： 树皮纤维柔细，可作为纺织原料、造纸原料；根皮、果实及枝条可入药；叶为家蚕的主要饲料，亦可入药，并可作为“土农药”使用；木材坚硬，可制家具、乐器，雕刻木器等；桑葚可以酿酒，称“桑子酒”。

位置： 校友林东侧道路，二期工程草地。

花语： 生死与共，同甘共苦。

野外罕人事，穷巷寡轮鞅。白日掩荆扉，虚室绝尘想。
时复墟曲人，披草共来往。相见无杂言，但道桑麻长。
桑麻日已长，我土日已广。常恐霜霰至，零落同草莽。
——魏晋·陶渊明《归园田居·其二》

qī yè shù

七叶树

七叶树科七叶树属，又名“日本七叶树”“浙江七叶树”。

Aesculus chinensis **Bunge**

Chinese Buckeye

特征： 落叶乔木，树皮深褐色或灰褐色；小枝无毛，嫩时有微柔毛；冬芽有树脂；花序近圆柱形，花序轴有微柔毛，小花序具 5~10 朵花；花萼呈管状钟形，外面有微柔毛，呈不等分五裂；花瓣 4 片，白色，长倒卵形或长倒披针形，边缘有纤毛；雄蕊 6 枚；子房在两性花中呈卵圆形，花柱无毛；果实呈球形或倒卵形，黄褐色，无刺，密被斑点，果壳干后厚 5~6 毫米；种子 1~2 个，近球形，栗褐色；种脐白色，约占种子体积的一半。

花期为 4~5 月，果期为 10 月。

用途： 本树种在黄河流域是优良的行道树和庭园树，木材细密，可制作各种器具；种子可入药，榨油可制皂。

位置： 崇实大道，图强大道。

花语： 优雅。

退之曾作河南宰，韩氏于今又见君。
县政从来人有望，家声不坠世多文。
后池分洛贮蓝水，高槛看嵩迷岭云。
主簿堂前七叶树，手栽应莫已刳焚。
——宋·梅尧臣《送韩文饶赞善宰河南》

cì huái
刺槐

豆科刺槐属，又名“洋槐”“槐花”“伞形洋槐”“塔形洋槐”。

***Robinia pseudoacacia* L.**

Black locust

特征： 落叶乔木，树皮浅裂至深纵裂，少见光滑；小枝初被毛，后无毛，具托叶刺，羽状复生；小叶常对生，呈椭圆形、长椭圆形或卵形，先端圆，微凹，基部圆形或宽楔形，全缘，幼时被短柔毛，后无毛；总状花序腋生，下垂；花芳香，花序轴与花梗被平伏细柔毛；花萼斜钟形，萼齿三角形或卵状三角形，密被柔毛；花冠白色，花瓣均具瓣柄，旗瓣近圆形，反折，翼瓣斜倒卵形，与旗瓣几乎等长，龙骨瓣镰状，三角形；雄蕊 2 枚；子房线形，无毛，花柱钻形，顶端具毛，柱头顶生；荚果线状长圆形，具褐色或红褐色斑纹，扁平，无毛，先端上弯，果颈短，沿腹缝线具窄翅；花萼宿存；具 2~15 粒种子，种子近肾形，种脐圆形，偏于一端。

花期为 4~6 月，果期为 8~9 月。

用途： 为常见的行道树，材质硬重，抗腐耐磨，宜作为枕木、车辆、建筑、矿柱等多种用材；生长快，是速生薪炭林树种，也是优良的蜜源植物。

位置： 在二期工程地区已形成树林。

花语： 晶莹、美丽、脱俗；隐秘的爱，静静地守护；友谊。

庭前槐树惟增叹，阶下决明空可怜。
愁绝寒儒思广厦，床床漏屋夜无眠。
——宋·李洪《秋雨叹》

hóng huā cì huái

红花刺槐

豆科刺槐属，又名“毛刺槐”“江南槐”。

***Robinia pseudoacacia* f. *decaisneana* (Carr.) Voss**

Red flower black locust

特征： 落叶乔木，为刺槐的变种，高度可达 25 米；干皮深纵裂；枝具托叶刺；羽状复叶互生，小叶 7~19 片，叶片呈卵形或长圆形，先端圆或微凹，具芒尖，基部圆形；花两性，总状花序下垂；萼具 5 齿，稍显二唇形，反曲，翼瓣弯曲，龙骨瓣内弯；花冠粉红色，气味芳香；果实呈条状长圆形，腹缝有窄翅；种子 3~10 粒。

花期为 4~5 月，果期为 9~10 月。

用途： 红花刺槐树冠圆满，叶色鲜绿，花朵大而鲜艳，浓香四溢，素雅而芳香，在园林绿地中应用广泛，可作为行道树、庭园树。红花刺槐的适应性强，对二氧化硫、氯气、光化学烟雾等的抗性都较强，可作为防护林树种栽植。

位置： 会文楼一带。

花语： 隐秘的爱。

零落欹斜此路中，盛时曾识太平风。晓迷天仗归春苑，暮送鸾旗指洛宫。
一自烟尘生蓟北，更无消息幸关东。而今只有孤根在，鸟啄虫穿没乱蓬。
——唐 · 吴融《题湖城县西道中槐树》

měi guó hóng fēng

美国红枫

无患子科槭属，又名“红花槭”。

***Acer rubrum* L.**

Red maple

特征：大型乔木；树形呈椭圆形或圆形；茎干光滑无毛，有皮孔；叶片手掌状，叶背面显灰绿色；花簇生，红色或淡黄色，小而繁密，先于叶开放；果实为翅果，红色。

花果期为 3~4 月。

用途：树干通直、高大，新叶及花红色，秋叶亮红色，挂叶期长，极为绚丽，是世界著名的秋色叶树种，适于庭园及山地风景区造景，也可用作行道树，在我国北方常见栽植。

位置：图书馆东侧。

花语：热烈。

风雪将久久地歌唱不止，
唯有老枫树单脚独立，
守护着天蓝色的俄罗斯。
——[苏联]叶赛宁《我辞别了我出生的屋子》

bĕi měi hóng lì

北美红栎

壳斗科栎属，又名“红槲栎”“红栎树”“北方红栎”“美国红栎”“美国橡树”。

Quercus rubra **L.**

Northern red oak

特征： 落叶乔木，幼树呈金字塔状，树形为卵圆形，成年树形为圆形至圆锥形；枝条直立，嫩枝呈绿色或红棕色，翌年变为灰色；叶大，互生，倒卵形，革质，具有波状锯齿或羽状深裂，有光泽；叶波状，宽卵形，两侧有4~6对大的裂片，革质，表面有光泽，叶片7~11裂，春夏两季叶片呈亮绿色，有光泽，秋季叶色逐渐变为粉红色、亮红色或红褐色，直至冬季落叶，持续时间较长；雄性柔荑花序，花黄棕色，下垂；坚果棕色，球形。

花期为4月底。

用途： 优良的城市观赏树种，广泛用于城市绿化，同时具有生态价值，可用于地表植被恢复，特别适合大面积栽植。

位置： 学校东门内南侧绿化带。

弟兄们，从现在起 / 让男女老幼，尽人皆知 / 你们庄严的历史、你们的纯真、你们的坚毅 / 下至硫黄气体腐蚀的矿井，上至奴隶非人的阶梯，让它传到所有绝望人们的心底，让所有的星星，卡斯蒂利亚 / 和世界上所有的谷穗 / 都铭记你们的名字、你们严酷的斗争 / 和像红橡树一样坚实的伟大胜利。

——[智利] 聂鲁达《国际纵队来到马德里》

wū jiù
乌柏

大戟科乌柏属，又名“木子树”“柏子树”“腊子树”“米柏”“糠柏”“多果乌桕”“桂林乌桕”。

***Triadica sebifera* (L.) Small**

Chinese tallow

特征： 乔木，各部均无毛而具乳状汁液；树皮暗灰色，有纵裂纹；枝广展，具皮孔；叶互生，纸质，叶片菱形或菱状卵形，极少数呈菱状倒卵形，顶端骤然紧缩，具有长短不等的尖头，基部阔楔形或钝，全缘；中脉两面微凸起，侧脉 6~10 对，纤细，斜上升，离缘 2~5 毫米处弯拱网结，网状脉明显；叶柄纤细，顶端具 2 个腺体；花单性，雌雄同株，聚集成顶生总状花序；蒴果梨状球形，成熟时黑色；具 3 粒种子，分果爿脱落后而中轴宿存；种子扁球形，黑色，外被白色、蜡质的假种皮。

花果期为 4~8 月。

用途： 木材白色，坚硬，纹理细致，用途广；叶可制黑色染料，可染衣物；根皮可入药；种子的白色蜡质层（假种皮）溶解后可制肥皂、蜡烛；种子榨油可用作涂料，涂油纸、油伞等。

位置： 第周苑 F 座西南角，曦园食堂南侧，二期工程地区。

花语： 静静地守候。

乌桕平生老染工，
错将铁皂作猩红。
小枫一夜偷天酒，
却倩孤松掩醉容。
——宋 · 杨万里《秋山》

yuán bǎo qì

元宝槭

无患子科槭属，又名“槭”“五脚树”“平基槭”“元宝树”“元宝枫”“五角枫”“华北五角枫”。

Acer truncatum **Bunge**

Shantung maple

特征： 落叶乔木；树皮灰褐色或深褐色，深纵裂；小枝无毛，当年生枝绿色，多年生枝灰褐色，具圆形皮孔；冬芽小，卵圆形；鳞片尖锐，外侧微被短柔毛；单叶，深裂5或7个，裂片三角状卵形，基部平截，极少数呈心形，全缘，幼叶下面的脉腋具簇生毛，基脉5条，掌状；伞房花序顶生；雄花与两性花同株；萼片5个，黄绿色；花瓣5片，黄色或白色，矩圆状倒卵形；雄蕊8枚，着生于花盘内缘；小坚果果核扁平，脉纹明显，基部平截或稍圆，翅矩圆形，常与果核近乎等长，两翅成钝角。

花期为4月，果期为8月。

用途： 很好的庭园树和行道树，宜在华北各省大量推广栽植，作为行道树不仅引种容易，而且树冠很大，具备良好的蔽荫条件；种子含油丰富，可作为工业原料；木材细密，可制作各种特殊用具，并可作为建筑材料。

位置： 在校园内多处栽植，如华岗苑北楼北侧，第周苑与淦昌苑周围，凤凰居1号楼附近等。

花语： 纯白的爱。

枫叶微红近有霜，碧云秋色满吴乡。
鱼冲骇浪雪鳞健，鸦闪夕阳金背光。
心为感恩长惨戚，鬓缘经乱早苍浪。
可怜广武山前语，楚汉宁教作战场。

——唐·韩偓《秋郊闲望有感》

jī zhǎo qì

鸡爪槭

无患子科槭属，又名“七角枫”。

Acer palmatum **Thunb.**

Japanese maple

特征： 落叶小乔木，树皮深灰色；小枝紫色或淡紫绿色，老枝淡紫灰色；叶近圆形，基部心形或近心形，掌状，有5、7、9深裂，密生尖锯齿；萼片卵状披针形；花瓣椭圆形或倒卵形；雄蕊比花瓣短，生于花盘内侧；子房无毛；幼果紫红色，熟后黄褐色，果核球形，脉纹显著，两翅成钝角。

花期为5月，果期为9月。

用途： 在我国各地的庭园中已经广泛栽植。

位置： 华岗苑南侧东侧。

花语： 热枕、激情奔放。

远上寒山石径斜，
白云生处有人家。
停车坐爱枫林晚，
霜叶红于二月花。
——唐·杜牧《山行》

yī qiú xuán líng mù

一球悬铃木

悬铃木科悬铃木属，又名“美国梧桐”。

Platanus occidentalis **L.**

American sycamore

特征： 落叶高大乔木；树皮有浅沟，呈小块状剥落；嫩枝被有黄褐色绒毛；叶大，阔卵形，通常 3 浅裂，极少数为 5 浅裂，长度比宽度略小；基部截形、阔心形或稍呈楔形；裂片短三角形，宽度远较长度为大，边缘有数个粗大锯齿；上下两面初时被灰黄色绒毛，不久脱落，上面秃净，下面仅在脉上有毛，掌状脉 3 条；叶柄密被绒毛；托叶较大，基部鞘状，上部扩大呈喇叭形，早落；花通常 4~6 朵，单性，聚成圆球形头状花序，单生，极少数为双生，宿存花柱极短；小坚果先端钝，基部的绒毛长度约为坚果的一半，不突出于头状果序之外。

用途： 作为行道树及观赏树种栽植。

位置： 求新路、储才路、格物路、诚信大道两侧。

花语： 才华横溢。

你巨大而弯曲的悬铃木，赤裸地献出自己，白皙，如年青的塞西亚人，然而你的天真受到欣赏，你的根被这大地的力量深深吸引。

在回响着的影子里，曾把你带走的同样的蓝天，变得这样平静，黑色的母亲压迫着那刚诞生的纯洁的根，在它上面，泥土更重更沉。

——[法国] 瓦雷里《致悬铃木》

zǐ
梓

紫葳科梓属，又名“梓树”“木角豆”“水桐楸”“黄花楸”“臭梧桐”“河楸”“水桐”“花楸”“楸木”“火楸”“筷子树”“雷电木”“山桐”。

Catalpa ovata **G. Don**

Chinese catalpa

特征：高大乔木，树冠伞形，主干通直；叶对生，有时轮生，阔卵形，长宽近乎相等，顶端渐尖，基部心形，常有3条浅裂；顶生圆锥花序，花萼蕾时呈圆球形，花冠钟状，淡黄色，内具2道黄色条纹及紫色斑点；能育雄蕊2枚，退化雄蕊3枚；子房上位，棒状；花柱丝形，柱头两裂；蒴果线形，下垂。

用途：嫩叶可食；叶或树皮可作农药，用于杀稻螟、稻飞虱；果实（梓实）和根皮（梓白皮）可入药。《本草纲目》云：“梓白皮，苦寒无毒。”

位置：华岗苑北侧。

花语：希望，对美好生活的等待。

去年梓树开花时，美人明珰坐罗帷。
今年梓树花如雪，美人死别已七月。
梓花如雪不忍看，沉吟怀思泪阑干。
鸣鸠乳燕共悲咽，柳绵风急烟漫漫。
——元 · 倪瓒《对梓树花》

●芳华满树●

èr qiáo yù lán

二乔玉兰

木兰科玉兰属，又名“二乔木兰”。

***Yulania* × *soulangeana* (Soul. - Bod.) D. L. Fu**

Twins magnolia, Saucer magnolia

特征： 落叶小乔木；小枝无毛；叶倒卵形或宽倒卵形，先端宽圆，下面具柔毛；花蕾卵圆形，花先于叶开放，颜色为浅红色至深红色，花被片 6~9 片；花药侧向开裂，药隔伸出形成短尖，雌蕊群无毛，圆柱形；聚合果，蓇葖卵圆形或倒卵圆形，熟时黑色，具白色皮孔；种子深褐色，宽倒卵圆形，侧扁。

花期为 2~3 月，果期为 9~10 月。

用途： 著名的观赏树木，国内外庭园中均常见栽植；本种的花被片大小形状不等，呈紫色，有时近白色，芳香或无芳香。

位置： 振声苑东侧，第周苑 E 座北侧。

花语： 芳香情思，俊朗仪态。

内史北轩多种竹，隐居南洞少栽花。
蓝桥西路青青处，拾得璚儿似虎牙。

——宋 · 陈辅《玉兰》

fēi huáng yù lán

飞黄玉兰

木兰科玉兰属，花大而美丽，为优良的观赏树种。

***Yulania denudata* ‘Fei Huang’**

‘Fei Huang’yulan

特征： 落叶乔木；叶倒卵圆形至宽椭圆形；花色为黄色和金黄色，花朵期为黄绿色。

花期为 3~4 月。

用途： 适应性强，宜作为行道树；对有害气体的抗性较强，在有大气污染的地区是很好的防污染绿化树种。

位置： 第周苑 B 座及 C 座北侧。

花语： 纯洁的爱，真挚。

hé huā yù lán

荷花玉兰

木兰科北美木兰属，又名“广玉兰”“洋玉兰”“白玉兰”。

***Magnolia grandiflora* L.**

Southern magnolia

特征：常绿乔木；树皮淡褐色或灰色，薄鳞片状开裂；小枝粗壮，具横隔的髓心；小枝、芽、叶下面、叶柄均密被褐色或灰褐色短绒毛；叶厚，革质，椭圆形、长圆状椭圆形或倒卵状椭圆形，先端钝或短钝尖，基部楔形，叶面深绿色，有光泽；叶柄无托叶痕，具深沟；花白色，有芳香气味；花被厚肉质，倒卵形；花丝扁平，紫色，花药内向，药隔伸出形成短尖；雌蕊群椭圆形，密被长绒毛；心皮卵形，花柱呈卷曲状；聚合果呈圆柱状长圆形或卵圆形，密被褐色或淡灰黄色绒毛；种子近卵圆形或卵形，外种皮红色。

花期为5~6月，果期为9~10月。

用途：为庭园绿化观赏树种；对二氧化硫、氯气、氟化氢等有毒气体抗性较强，也耐烟尘；木材材质坚硬厚重，可供装饰用；叶、幼枝和花可提取芳香油；花可制浸膏用；叶可入药；种子含油率为42.5%，可榨油。

位置：校友林北部。

花语：生生不息、世代相传，象征着美丽、高洁、芬芳。

yù lán
玉兰

木兰科玉兰属，又名“应春花”“白玉兰”“望春花”“迎春花”“玉堂春”“木兰”。

Yulania denudata **(Desr.) D. L. Fu**

Lilytree

特征：落叶乔木，高度可达25米，枝广展形成宽阔的树冠；树皮深灰色，粗糙开裂；冬芽及花梗密被淡灰黄色长绢毛；叶纸质，倒卵形，叶上深绿色，嫩时被柔毛，后仅中脉及侧脉留有柔毛，下面淡绿色，网脉明显；叶柄被柔毛，上面具狭纵沟；花蕾卵圆形，花先于叶开放，直立，气味芳香；花梗显著膨大，密被淡黄色长绢毛；花被片9片，白色，基部常带粉红色，长圆状倒卵形；花药侧向开裂；雌蕊群淡绿色，无毛，圆柱形；雌蕊狭卵形，具锥尖花柱；聚合果呈圆柱形；种子心形，侧扁，外种皮红色，内种皮黑色。

花期为2~3月和7~9月，果期为8~9月。

用途：材质优良，纹理直，结构细，可供家具、图板、细木工等用；花蕾可入药，与“辛夷”功效相向；花含芳香油，可提取配制香精或制浸膏；花被片可食用或用以熏茶；种子可榨油，供工业使用。玉兰为驰名中外的庭园观赏树种。

位置：振声苑南楼北侧及北楼北侧。

花语：大气、高洁、真挚，圆满的爱情，芬芳、出色、美丽。

翠条多力引风长，点破银花玉雪香。
韵友自知人意好，隔帘轻解白霓裳。
——明 · 沈周《题玉兰》

zǐ jīng
紫荆

豆科紫荆属，又名“老茎生花”“紫珠”“裸枝树”“满条红”“白花紫荆”“短毛紫荆”。

***Cercis chinensis* Bunge**

Chinese redbud

特征： 灌木，小枝灰白色，无毛；叶近圆形或三角状圆形，先端急尖，基部浅或深心形，两面通常无毛，叶缘膜质透明，叶柄无毛；花紫红或粉红色，簇生于老枝和主干上，尤以主干上花束较多，越到上部幼嫩枝条则花越少，花常先于叶开放，幼嫩枝条上的花则与叶同时开放；龙骨瓣基部有深紫色斑纹；子房嫩绿色，为花蕾时光亮无毛，后期则密被短柔毛，胚珠 6~7 个；荚果扁，窄长圆形，绿色，顶端急尖或短渐尖，喙细而弯曲，基部长渐尖，两侧缝线对称或近对称；种子宽长圆形，黑褐色，光亮。

花期为 3~4 月，果期为 8~10 月。

用途： 紫荆是一种美丽的木本花卉植物；树皮可入药，有清热解毒、活血行气、消肿止痛之功效，可用于治疗产后血气痛、疔疮肿毒、喉痹；花可治风湿筋骨痛。

位置： 在校园内多处栽植，如校友林北部、学校东门附近。

花语： 亲情，家庭兴旺、和美，兄弟和睦，矢志不渝。

风吹紫荆树，色与春庭暮。花落辞故枝，风回返无处。
骨肉恩书重，漂泊难相遇。犹有泪成河，经天复东注。
——唐·杜甫《得舍弟消息》

měi rén méi

美人梅

蔷薇科李属，又名“樱李梅”。

***Prunus* × *blireana* 'Meiren'**

American mume, Beauty mei

特征： 落叶小乔木；叶片紫红色，卵圆形或卵状椭圆形；花粉红色，着花繁密，1~2 朵着生于长、中、短花枝上，先花后叶，花期在春季，花叶同放，花色浅紫，为重瓣花；花态近蝶形，瓣层层疏叠，瓣边起伏飞舞，花芯常有碎瓣，婆娑多姿；花色由极浅紫色至淡紫色，反面略深，花芯颜色也较深；萼筒宽钟状，萼片近圆形至扁圆形，呈淡绿色而略洒淡紫红晕，边具淡红紫晕，有细齿，反曲至强烈反曲；花具紫长梗，常呈垂丝状，雄蕊数目较多，呈辐射状，远短于瓣长，花丝淡紫红，花药小，呈土黄色至鲑红色，雌蕊 1 枚，普洒紫晕；花柱下部有毛，发达或尚发达；花有香味，但非典型梅香；有时结果；果皮鲜紫红色，梅肉可鲜食。

花期方面，自 3 月中旬第一朵花开后，逐次自上而下陆续开放，直至 4 月中旬。

用途： 是重要的园林观花观叶树种。

位置： 学生公寓 2 号楼西侧，华岗苑南侧，曦园餐厅南侧。

花语： 我纯洁的心只属于你，我只愿跟随你。

曲尽江流换马裘，美人梅下引风流。
兰舟未解朱颜紧，幽怨难辞钗凤留。
——唐·李亿《西山晚别》

lǐ
李

蔷薇科李属，又名“玉皇李”“嘉应子”“嘉庆子”“山李子”。

Prunus salicina **Lindl.**

Japanese plum, Chinese plum

特征： 落叶乔木，小枝无毛；冬芽无毛；叶矩圆状倒卵形或椭圆状倒卵形，边缘有细密、浅圆、钝重的锯齿，叶柄近顶端有腺体；花梗无毛；萼筒钟状，萼片长圆状卵形，外面均无毛；花瓣白色，长圆状倒卵形，先端啮蚀状；果可供食用，核仁含油，与根、叶、花、树胶均可入药。

花期为 4 月，果期为 7~8 月。

用途： 我国及世界各地均有栽植，为重要的温带果树。

位置： 博物馆东侧，校友林中部。

花语： 清纯质朴，可爱小巧，甜蜜恋爱。

不及梨英软，应惭梅萼红。
西园有千叶，淡伫更纤秾。
——宋·苏轼《李》

pán táo
蟠桃

蔷薇科桃属，在我国古代的神话传说中也有出现。

***Amygdalus persica* L. var. *compressa* (Loudon) T.**

Flat peach

特征： 乔木，树冠宽广而平展，树皮暗红褐色，老时粗糙呈鳞片状；小枝细长，无毛，有光泽，绿色，向阳处变成红色，具有大量小皮孔；冬芽圆锥形，顶端钝，外被短柔毛，常 2~3 个簇生，中间为叶芽，两侧为花芽；叶片长圆披针形、椭圆披针形或倒卵状披针形，先端渐尖，基部宽楔形，在脉腋间具少数短柔毛或无毛，叶边具细锯齿或粗锯齿，齿端具腺体或无腺体；叶柄粗壮，常具一至数枚腺体，有时无腺体；花单生，先于叶开放；花梗极短或几无梗；果实形状和大小均有变异，如卵形、宽椭圆形或扁圆形，长几乎与宽相等，外面密被短柔毛，极少数无毛，腹缝明显，果梗短而深入果洼。

花期为 3~4 月，果实成熟期因品种而异，通常为 6~8 月。

用途： 蟠桃的营养既丰富又均衡，为著名的果品之一。

位置： 振声苑天井。

花语： 宏图大展。

竿摩辙乱逼西迁，琐尾流离倏一年。
奉母蒙尘犹在郑，迎王望雨待归燕。
诸侯香草方毡幕，西母蟠桃又绮筵。
举首长安知日近，肯留河上再迁延。
——清·黄遵宪《车驾驻开封府》

chóng bàn yú yè méi

重瓣榆叶梅

蔷薇科桃属，又名“小桃红”。

***Amygdalus triloba* f. *multiplex* (Bge.) Rehd.**

Flowing alunderbrownmond

特征：落叶灌木，是榆叶梅的变种，极少数为小乔木；枝条展开，具多根短小枝；小枝灰色，一年生枝灰褐色，嫩枝无毛或微被毛，冬芽短小；短枝上的叶常簇生，一年生枝上的叶互生；叶宽卵形至倒卵形，先端少分裂，常三裂，基部宽楔型，边缘具粗重锯齿，上面疏被毛或无毛，下面被短柔毛；叶柄有短毛；花重瓣，先于叶开放，深粉红色；萼片卵圆形或卵状三角形，无毛，近先端疏生有细锯齿；花瓣近圆形或宽倒卵形，先端圆钝，粉红色；雌蕊短于花瓣；子房密被短柔毛，花柱稍长于雄蕊；核果，近球形，红色，壳面有皱纹，外被短柔毛；果肉薄，成熟时开裂；核近球形，具厚硬壳，两侧几不压扁，顶端圆钝，表面具不整齐的网纹。

花期为3~4月，果期为5~6月。

用途：花大而美丽，花重瓣，常作为观赏树种栽植。

位置：九曲花街。

花语：春光明媚、花团锦簇和欣欣向荣。

探梅公子款柴门，枝北枝南总未春。
忽见小桃红似锦，却疑侬是武陵人。
——宋·范成大《冬日田园杂兴》

táo
桃

蔷薇科桃属，又名“桃子”“粘核桃”“离核桃”“陶古日”“盘桃”“日本丽桃” “粘核毛桃”。

Amygdalus persica **L.**

Peach

特征： 乔木，树冠宽广而平展；树皮暗红褐色；小枝细长，无毛，绿色，向阳处变成红色，具大量小皮孔；冬芽圆锥形，两侧为花芽；叶片长圆披针形、椭圆披针形或倒卵状披针形；叶柄粗壮，常具一至数枚腺体或无腺体；花单生，先于叶开放；萼片卵形至长圆形，顶端圆钝，外被短柔毛；花瓣长圆状椭圆形至宽倒卵形，粉红色，罕为白色；花药绯红色，花柱几与雄蕊等长或稍短；果实形状和大小均有变异，如卵形、宽椭圆形或扁圆形，长几与宽相等，色泽变化由淡绿白色至橙黄色，常在向阳面具红晕，外面密被短柔毛；果肉白色、浅绿白色、黄色、橙黄色或红色，多汁有香味；核大，椭圆形或近圆形，表面具纵、横沟纹和孔穴；种仁味苦，罕有味甜的情况。

花期为 3~4 月，果成熟期因品种而异，常为 8~9 月。

用途： 供食用、药用及作为工业原料。

位置： 在校园内多处栽植。

花语： 爱情的俘虏，宏图大展，桃李满天下，长寿。

去年今日此门中，人面桃花相映红。
人面不知何处去，桃花依旧笑春风。
——唐 · 崔护《题都城南庄》

jú huā táo

菊花桃

蔷薇科桃属，原产中国。

***Amygdalus persica* cv. 'Juhuatao'**

Chrysanthemum Peach

特征： 落叶灌木或小乔木，树干灰褐色；小枝细长，灰褐色至红褐色，无毛，有光泽，绿色，向阳处变成红色，具大量小皮孔；冬芽圆锥形，顶端钝，外被短柔毛，常2~3个簇生，中间为叶芽，两侧为花芽；叶椭圆状披针形；花生于叶腋，粉红色或红色，重瓣，花瓣较细，盛开时犹如菊花，花梗极短或几无梗；萼筒钟形，绿色而具红色斑点，被短柔毛，罕见几乎无毛的情况；萼片卵形至长圆形，顶端圆钝，外被短柔毛；花药绯红色；花柱几与雄蕊等长或稍短；子房被短柔毛。

花期为4月，花先于叶开放或花叶同放，开花后一般不结果。

用途： 观赏价值高，可作为庭园及行道树栽植，也可栽植于广场、草坪、庭园及园林场所。菊花桃可盆栽观赏或制作盆景，还可剪下花枝瓶插观赏。

位置： 学校东侧及南侧围墙。

花语： 气节和风度，欣欣向荣而又温暖。

chuí sī hǎi táng

垂丝海棠

蔷薇科苹果属，又名“有肠花”“思乡草”。

Malus halliana **Koehne**

Hall crabapple

特征： 乔木，小枝微弯曲，初有毛，迅即脱落；冬芽卵圆形，无毛或仅鳞片边缘有柔毛；叶卵形、椭圆形至长椭圆状卵形，先端长渐尖，基部楔形至近圆形，边缘有圆钝细锯齿，沿脉有时被短柔毛，上面有光泽，常带紫晕；叶幼时被疏柔毛，老时无毛，托叶披针形，早落；伞房花序；花梗细弱，下垂，紫色，有稀疏柔毛，被丝托外面无毛；萼片三角状卵形，先端钝，全缘，外面无毛，内面密被绒毛，与被丝托等长或稍短；花瓣数常在 5 片以上，粉红色，倒卵形，基部有短爪；花柱 4~5 根，基部有长绒毛；顶花有时无雌蕊；果实梨形或倒卵圆形，稍带紫色，萼片脱落。

花期为 3~4 月，果期为 9~10 月。

用途： 嫩枝、嫩叶均带紫红色，花粉红色，下垂，早春期间甚为美丽，各地常见供观赏栽植，有重瓣、白花等变异类型。

位置： 校友林中部。

花语： 游子思乡。

春工叶叶与丝丝，怕日嫌风不自持。
晓镜为谁妆未办，沁痕犹有泪胭脂。
——宋 · 范成大《垂丝海棠》

bĕi mĕi hăi táng

北美海棠

蔷薇科苹果属，主要来源于北美地区，我国各地均有引种栽植。

Malus **'American'**

特征： 落叶小乔木，呈圆丘状，或整株直立呈垂枝状；分枝多变，互生、直立、悬垂等，无弯曲枝；树干颜色新干为棕红色或黄绿色，老干为灰棕色，有光泽，观赏性高;花量大，花色多，有白色、粉色、红色、鲜红色等，多有香气；果实扁球形，花萼脱落或不脱落，颜色有红色、黄色或橙色。

花期为 3~6 月，果期为 5~12 月。

用途： 具有较高的观赏价值，包括多个种及种下变种和品种。北美海棠既是营养价值较高的果树，又是观赏价值极高的观赏树种，同时还可作为苹果的砧木，也是制饮料、果脯、果干和中药等的原料，用途非常广泛。

位置： 校友林。

花语： 潇洒、温和、美丽、快乐，对一个人的才情尤其是书画方面造诣的肯定。

山碧花尤好，径长人自闲。
锦围春照耀，红雨暮阑斑。
——宋·任希夷《海棠二首·其一》

xī fǔ hǎi táng

西府海棠

蔷薇科苹果属，又名“子母海棠”“小果海棠”“海红”。

***Malus* × *micromalus* Makino**

Midget crabapple

特征： 小乔木，树枝直立性强；冬芽卵形，先端急尖，无毛或仅边缘有绒毛，暗紫色；叶片形状较狭长，基部楔形，叶边锯齿稍锐，叶柄细长，果实基部下陷；伞形总状花序，集生于小枝顶端，花梗嫩时被长柔毛，逐渐脱落；萼筒外面密被白色长绒毛；萼片三角卵形、三角披针形至长卵形，先端急尖或渐尖，全缘，内面被白色绒毛，外面较稀疏，萼片与萼筒等长或稍长；花瓣近圆形或长椭圆形，基部有短爪，粉红色；花丝长短不等，比花瓣稍短；花柱 5 根，基部具绒毛，约与雄蕊等长；果实近球形，红色，萼片多数脱落，少数宿存。

花期为 4~5 月，果期为 8~9 月。

用途： 常见的果树及观赏树；果味酸甜，可供鲜食及加工食品用；栽植品种很多，果实形状、大小、颜色和成熟期均有差别；华北有些地区用作苹果或花红的砧木，生长良好，抗旱力比山荆子强。

位置： 校友林。

花语： 单恋。

东风袅袅泛崇光，香雾空蒙月转廊。
只恐夜深花睡去，故烧高烛照红妆。
——宋 · 苏轼《海棠》

shān jīng zǐ

山荆子

蔷薇科苹果属，又名“山定子”“林荆子”“山丁子”。

Malus baccata **(L.) Borkh.**

Siberian crabapple

特征： 乔木，幼枝细，无毛；叶椭圆形或卵形，先端渐尖，罕见尾状渐尖的情况，基部楔形或圆形，边缘有细锐锯齿，幼时微被柔毛或无毛；叶柄幼时有短柔毛及少数腺体，不久即脱落，托叶膜质，披针形，早落；花 4~6 朵组成伞形花序，无花序梗，集生枝顶；花梗无毛；苞片膜质，线状披针形，无毛，早落；萼片披针形，先端渐尖，比被丝托短；花瓣白色，倒卵形，基部有短爪；雄蕊 15~20 枚；花柱 4~5 根，基部有长柔毛；果实近球形，红色或黄色，柄洼及萼洼稍微陷入；萼片脱落。

花期为 4~6 月，果期为 9~10 月。

用途： 早春开放白色花朵，秋季结成小球形红黄色果实，经久不落，很美丽，可作为庭园观赏树种；生长茂盛，繁殖容易，耐寒力强，我国东北、华北多地用作苹果和花红等的砧木；根系深长，结果早而丰产；各种山荆子（尤其是大果型变种）可作为培育耐寒苹果品种的原始材料。

位置： 第周苑 F 座南侧，校友林。

花语： 兄弟骨肉同气相连。

píng guǒ

苹果

蔷薇科苹果属，又名“西洋苹果”“柰”“嘎啦”“黄元帅”。

***Malus pumila* Mill.**

Apple

特征：乔木，幼枝密被绒毛；冬芽卵圆形；叶椭圆形、卵形或宽椭圆形，基部宽楔形或圆形，具圆钝锯齿，幼时两面具短柔毛，老后上面无毛；叶柄粗，被短柔毛，托叶披针形，密被短柔毛，早落；伞形花序，具3~7花，集生枝顶；花梗密被绒毛；苞片线状披针形，被绒毛；被丝托外面密被绒毛；萼片三角状披针形或三角状卵形，全缘，两面均密被绒毛，萼片比被丝托长；花瓣倒卵形，白色，含苞时带粉红色；雄蕊20枚，约为花瓣数的一半；花柱5根，下半部密被灰白色绒毛；果扁球形，顶端常有隆起，萼洼下陷，萼片宿存，果柄粗短。

花期为5月，果期为7~10月。

用途：苹果是著名的落叶果树，经济价值很高。

位置：校友林西北角。

花语：沉醉、陷阱。

xìng
杏

蔷薇科杏属，又名“归勒斯”“杏花”“杏树”。

***Armeniaca vulgaris* Lam.**

Apricot

特征： 乔木，小枝无毛；叶宽卵形或圆卵形，先端尖或短渐尖，基部圆形或近心形，有钝圆锯齿，两面无毛或下面脉腋具柔毛；叶柄无毛，基部常具腺体；花单生，先于叶开放；花梗被柔毛；花萼紫绿色，萼筒呈圆筒形，基部被柔毛，萼片卵形或卵状长圆形，花后反折；花瓣圆形或倒卵形，白色带红晕；花柱下部具柔毛；核果球形，罕见呈倒卵圆形，成熟时呈白色、黄色或黄红色，常具红晕，微被柔毛；果肉多汁，熟时不裂；核卵圆形或椭圆形，两侧扁平，顶端钝圆，基部对称，罕见不对称的情况，腹面具龙骨状棱；种仁味苦或甜。

花期为 3~4 月，果期为 6~7 月。

用途： 多为食用果类，果实形大，肥厚多汁，甜酸适度，主要供生食，也可加工后食用；仁用杏类果实较小，果肉薄，种仁肥大，味苦或甜，主要供食用及药用，但有些品种的果肉也可干制；加工用杏类果肉厚，糖分多，便于干制；也可作为观赏树种。

位置： 校友林西北角，在第周苑及淦昌苑附近有多处栽植。

花语： 少女的慕情、娇羞、疑惑。

清明时节雨纷纷，路上行人欲断魂。
借问酒家何处有，牧童遥指杏花村。
——唐·杜牧《清明》

yīng táo

樱桃

蔷薇科樱属，又名“樱珠”“牛桃”“英桃”“楔桃”“荆桃”“莺桃”“唐实樱”“乌皮樱桃”“崖樱桃”。

***Cerasus pseudocerasus* (Lindl.) G. Don**

Falsesour cherry

特征：乔木，嫩枝无毛或被疏柔毛，冬芽无毛；叶卵形或长圆状倒卵形，先端渐尖或尾尖，基部圆，有尖锐重锯齿，齿端有小腺体，上面近无毛，下面淡绿色，沿脉或脉间有稀疏柔毛；叶柄被疏柔毛，托叶早落，披针形，有羽裂腺齿；花序伞房状或近伞形，花先于叶开放；总苞倒卵状椭圆形，褐色，边有腺齿；花梗被疏柔毛；萼筒钟状，外面被疏柔毛，萼片三角状卵形或卵状长圆形，全缘，长为萼筒的一半或近半；花瓣白色，卵形，先端下凹或两裂；花柱与雄蕊近等长，无毛；核果近球形，熟时为红色。

花期为 3~4 月，果期为 5~6 月。

用途：樱桃在我国有悠久的种植历史，品种颇多，果实可供食用，也可酿樱桃酒；枝、叶、根、花也可入药。

位置：第周苑 B 座南侧。

花语：专一、美好的爱情，希望和美好，高洁无私的爱。

记得初生雪满枝，和蜂和蝶带花移。
而今花落游蜂去，空作主人惆怅诗。
——唐 · 韦庄《樱桃树》

rì běn wǎn yīng

日本晚樱

蔷薇科樱属，又名“矮樱”。

Cerasus serrulata **var.** ***lannesiana*** **(Carri.) Makino**

Japanese late cherry

特征： 乔木，树皮灰褐色或灰黑色，有唇形皮孔；小枝灰白色或淡褐色，无毛；冬芽卵圆形，无毛；叶片卵状椭圆形或倒卵椭圆形，先端渐尖，基部圆形，边有渐尖单锯齿及重锯齿，齿尖有小腺体，上面深绿色，无毛，下面淡绿色，无毛，有侧脉 5~8 对；叶柄无毛，先端有 1~3 个圆形腺体；托叶线形，边有腺齿，早落；伞房花序总状或近伞形；总苞片褐红色，倒卵长圆形，外面无毛，内面被长柔毛；苞片褐色或淡绿褐色，边有腺齿；花梗无毛或被极稀疏柔毛；萼筒管状，先端扩大，萼片三角披针形，先端渐尖或急尖，边全缘；花瓣粉色，倒卵形，先端下凹；雄蕊约 38 枚，花柱无毛；核果球形或卵球形，紫黑色。

花期为 3~5 月，果期为 6~7 月。

用途： 引自日本，在我国各地庭园均有种植，供观赏用，园艺品种极多。

位置： 振声苑北侧。

花语： 转瞬即逝的爱情。

樱花落在一座小山顶上，我希望你能站在山区附近的彩霞周围。

——[日本] 大江匡房《万叶集》

shān yīng huā
山樱花

蔷薇科樱属，又名“樱花”“野生福岛樱”。

Cerasus serrulata **(Lindl.) G. Don ex London**
Underbrown japanese cherry

特征： 乔木，小枝无毛，冬芽无毛；叶卵状椭圆形或倒卵状椭圆形，先端渐尖，基部圆，有渐尖单锯齿及重锯齿，齿尖有小腺体，上面无毛，下面淡绿色，无毛，侧脉6~8对；叶柄无毛，先端有1~3个圆形腺体，托叶线形，有腺齿，早落；花序伞房总状或近伞形，有2~3朵花；总苞片褐红色，倒卵状长圆形，外面无毛，内面被长柔毛；花序梗无毛；苞片有腺齿；花梗无毛或被极稀疏柔毛；萼筒管状，萼片三角状披针形，全缘；花瓣白色，罕见粉红色，外观倒卵形，先端下凹；花柱无毛；核果球形或卵圆形，熟后呈紫黑色。

花期为4~5月，果期为6~7月。

用途： 花繁艳丽，极为壮观，是重要的园林观赏树种；树皮和新鲜嫩叶可入药。

位置： 华岗苑天井。

花语： 纯洁与高尚。

樱花落尽春将困，秋千架下归时。
漏暗斜月迟迟，花在枝。
——五代 · 李煜《谢新恩 · 樱花落尽春将困》

dōng jīng yīng huā

东京樱花

蔷薇科樱属，又名“樱花”“日本樱花”“吉野樱”。

***Cerasus* × *yedoensis* (Mats.) Yü et Li**

Yoshino cherry, Tokyo cherry

特征： 乔木，树皮灰色；小枝淡紫褐色，无毛，嫩枝绿色，被疏柔毛；冬芽卵圆形，无毛；叶片椭圆卵形或倒卵形，先端渐尖或骤尾尖，基部圆形，罕见楔形，边有尖锐重锯齿，有小腺体，上面深绿色，无毛，下面淡绿色，沿脉被稀疏柔毛；叶柄密被柔毛，顶端有腺体，有时无腺体；花序伞形总状，总梗极短，先于叶开放；总苞片褐色，椭圆卵形，两面被疏柔毛；苞片褐色，匙状长圆形，边有腺体；花梗被短柔毛；萼筒管状，被疏柔毛；萼片三角状长卵形，先端渐尖，边有腺齿；花瓣白色或粉红色，椭圆卵形，先端下凹，全缘两裂；花柱基部有疏柔毛；核果近球形，黑色，核表面略具棱纹。

花期为 4 月，果期为 5 月。

用途： 着花繁密，花色粉红，远观如一片云霞，是著名的早春观赏树种。

位置： 九曲花街北部。

花语： 生命、希望、爱情、幸福。

赏樱日本盛于唐，如被牡丹兼海棠。
恐是赵昌所难画，春风才起雪吹香。
——明 · 宋濂《樱花》

bái lí

白梨

蔷薇科梨属，又名“罐梨”“白挂梨”。

***Pyrus bretschneideri* Rehd.**

Bretschnider pear

特征： 乔木，小枝幼时密被柔毛，不久脱落，老枝紫褐色，疏生皮孔；冬芽卵圆形；叶卵形或椭圆状卵形，先端渐尖，罕见急尖的情况，基部宽楔形，罕见近圆的情况，边缘有尖锐锯齿，齿尖有刺芒，微向内合拢，两面均有绒毛，不久脱落；托叶膜质，线形至线状披针形，疏被柔毛，早落；伞形总状花序，花梗和花序梗被绒毛；苞片膜质，早落；果实呈卵球形或近球形，先端萼片脱落，果柄肥厚，黄色，有细密斑点；种子呈倒卵圆形。

花期为 4 月，果期为 8~9 月。

用途： 在园林中多孤植于庭园，或丛植于开阔地、亭台周边、溪谷口、小河桥头等均甚相宜；梨果除生食外，还可制成梨膏；木材质优，是雕刻、制作家具及装饰的良材。

位置： 校友林西北角。

花语： 纯情、纯真的爱，一辈子的守候不分开，最浪漫的爱情。

户外青青柳。倚东风，回廊几曲，断魂时候。细燕轻狸都不隔，万字玲珑嵌透。消几度，玉罗衫袖。一树东头白梨影，熨春寒，总在花前后。同徙倚，听清漏。

如今得似花时否。绕银墙，轻红一抹，西风吹旧。录曲凝尘曾拍遍，空认指痕纤瘦。甚响屧，邻家轻逗。划遍相思都无迹，剩回文，不断苔花绣。明月底，怕回首。

——清·樊增祥《金缕曲·阑干词，同爱师缜子》

dòu lí
豆梨

蔷薇科梨属，又名“梨丁子”“杜梨”“糖梨”“赤梨”“阳樾”“鹿梨”。

Pyrus calleryana **Dcne.**

Callery pear

特征： 乔木，幼枝有绒毛，不久脱落；冬芽三角状卵圆形；叶宽卵形至卵形，罕见长椭圆形，先端渐尖，罕见短尖，基部圆形至宽楔形，边缘有钝锯齿，两面无毛；叶柄无毛，托叶叶质，线状披针形，早落；花 6~12 朵组成伞形总状花序，花序梗无毛；苞片膜质，线状披针形，内面有绒毛；被丝托无毛；萼片披针形，全缘，内面有绒毛；花瓣白色，卵形，基部具短爪；雄蕊 20 枚，稍短于花瓣；花柱基部无毛；梨果球形，直径约 1 厘米，黑褐色，有斑点，萼片脱落，2~3 室，果柄细长。

花期为 4 月，果期为 8~9 月。

用途： 木材致密，可制作器具；通常用作沙梨的砧木。

位置： 会文广场东部，会文北楼与会文南楼之间。

花语： 纯情、纯真的爱，永不分离。

山欲开云柳乍风，杜梨花白小桃红。
三年三月官桥路，策蹇经过似梦中。
——明 · 李流芳《滕县道中》

mù guā

木瓜

蔷薇科木瓜海棠属，又名“海棠”“木李”“榠楂”“木瓜海棠”。

Chaenomeles sinensis **(Thouin) Koehne**

Chinese quince

特征： 灌木或小乔木，小枝无刺，幼时被柔毛，冬芽半圆形，无毛；叶椭圆形或椭圆状长圆形，罕见倒卵形，先端急尖，基部宽楔形或近圆形，有刺芒状尖锐锯齿，齿尖有腺，幼时下面密被黄白色绒毛，不久即脱落；叶柄微被柔毛，有腺齿，托叶膜质，卵状披针形，有腺齿；花梗粗，无毛；被丝托钟状，外面无毛；萼片三角状披针形，边缘有腺齿，外面无毛，内面被浅褐色绒毛，反折；花瓣淡粉红色，倒卵形；雄蕊数较多；花柱基部合生，被柔毛，柱头头状；果实长椭圆形，暗黄色，木质，味芳香，果柄短。

花期为 4 月，果期为 9~10 月。

用途： 为常见的观赏用植物，果实味涩，水煮或浸渍糖液中可供食用，可入药；果皮干燥后仍光滑，不皱缩，故有“光皮木瓜”之称；木材坚硬，可作床柱。

位置： 校友林牡丹园北。

花语： 平凡。

投我以木瓜，报之以琼琚。匪报也，永以为好也！
投我以木桃，报之以琼瑶。匪报也，永以为好也！
投我以木李，报之以琼玖。匪报也，永以为好也！
——先秦 · 佚名《诗经 · 国风 · 卫风 · 木瓜》

chóu lǐ

稠李

蔷薇科稠李属，又名“臭李子”“臭耳子”。

Padus avium **Miller**

Bird cherry

特征：乔木，幼枝被绒毛，后脱落无毛；叶椭圆形、长圆形或长圆状倒卵形，先端尾尖，基部圆形或宽楔形，有不规则锐锯齿，有时兼有重锯齿，两面无毛；叶柄幼时被绒毛，后脱落无毛，顶端两侧各具一腺体；总状花序，基部有2~3叶；花序梗和花梗无毛；萼筒钟状；萼片三角状卵形，有带腺细锯齿；花瓣白色，长圆形；雄蕊数目较多；核果卵圆形，果柄无毛；萼片脱落。

花期为4~5月，果期为5~10月。

用途：供观赏用；木材优良；花有蜜，是蜜源树种；果实含蛋白质、糖类、矿物质和有机酸，果味甘涩，可入药，除生食外还可用于加工果汁、果酱、果酒等产品；种子可提炼工业用油；叶也可入药；叶中含有挥发油，有杀虫之功效。

位置：校友林东部。

花语：坚持自我，不迎合世俗。

稠李树伸开枝丫，
发散着迷人的芬芳，
金灿灿的绿痕，
映着太阳的光芒。
小溪扬起碎玉的浪花，
飞溅到稠李树的枝杈上，
并在峭壁下弹着琴弦，
为她深情地歌唱。
——[苏联]叶赛宁《稠李树》

shān zhā

山楂

蔷薇科山楂属，又名“山马林果”“野婆婆头”“野悖悖头”“蓬蘽”“马林果”“牛迭肚”“托盘”“老虎燎子”“蓬蘽悬钩子”“红果”“棠棣”“绿梨”“酸楂”。

***Crataegus pinnatifida* Bge.**

Mountain hawthorn

特征：落叶乔木，叶宽卵形或三角状卵形，先端短，渐尖，具深裂片，裂片卵状披针形或带形，疏生不规则的重锯齿，下面沿叶脉疏生短柔毛或在脉腋有髯毛，侧脉有的直达裂片先端；托叶草质，镰形，边缘有锯齿；伞形花序，具多花，花梗和花序梗均被柔毛；苞片线状披针形，萼片三角状卵形或披针形，被毛；花瓣白色，倒卵形或近圆形；花柱基部被柔毛；果实近球形或梨形，深红色，小核 3~5 个。

花期为 5~6 月，果期为 9~10 月。

用途：可作为绿篱和观赏树种栽植；幼苗可作为嫁接山里红（是山楂变种）或苹果等的砧木；果实可生吃或制作果酱、果糕，干制后可入药。

位置：第周苑 A 座与淦昌苑 A 座东侧。

花语：唯一的爱，守护。

樝梨且缀碧，梅杏半传黄。小子幽园至，轻笼熟柰香。
山风犹满把，野露及新尝。欲寄江湖客，提携日月长。
——唐 · 杜甫《竖子至》

liú sū shù

流苏树

木犀科流苏树属，又名“糯米花”“糯米茶”。

***Chionanthus retusus* Lindl. et Paxt.**

Chinese fringe-tree

特征： 落叶灌木或乔木；幼枝淡黄色或褐色，被柔毛；叶革质或薄革质，长圆形、椭圆形或圆形，先端圆钝，有时凹下或尖，基部圆形或宽楔形，全缘或有小齿，幼时上面沿脉被长柔毛，下面也被长柔毛，叶缘具睫毛，老时仅沿脉具长柔毛；叶柄密被黄色卷曲柔毛；聚伞状圆锥花序顶生，近无毛；苞片线形，被柔毛；花单性或两性，雌雄异株，花梗纤细，无毛；花萼具四深裂；花冠白色，也具四深裂，裂片线状倒披针形；雄蕊内藏或稍伸出；果实椭圆形，被白粉，呈蓝黑色。

花期为 3~6 月，果期为 6~11 月。

用途： 花及嫩叶晒干可代茶，味香；果可榨芳香油；木材可制器具。

位置： 博物馆东北侧，校友林西北部。

花语： 女性的权益。

zǐ dīng xiāng

紫丁香

木犀科丁香属，又名“白丁香”“毛紫丁香”“华北紫丁香”。

***Syringa oblata* Lindl.**

Early lilac

特征： 灌木或小乔木；小枝、花序轴、花梗、苞片、花萼、幼叶两面及叶柄均密被腺毛；叶革质或厚纸质，卵圆形或肾形，先端短凸尖或长渐尖，基部心形、平截或宽楔形；圆锥花序直立，由侧芽抽生；花冠紫色，花冠筒呈圆柱形，裂片直角展开；花药黄色，位于花冠筒喉部；果实卵圆形或长椭圆形，顶端长渐尖，几无皮孔。

花期为4~5月，果期为6~10月。

用途： 作为观赏植物在全国范围内普遍栽植；其吸收二氧化硫的能力较强，对二氧化硫造成的污染具有一定的净化作用；花可提取芳香油；嫩叶可代茶。

位置： 学生公寓5号楼东侧，华岗苑东侧。

花语： 光荣、不灭、光辉；爱情的萌芽；友谊、美丽；喜欢寂静；青春时的回忆，想起年轻时；初恋、初恋的刺痛、初恋的感激，想起初恋的她；纯洁、记忆、羞怯，秋思不解。

手卷真珠上玉钩，依前春恨锁重楼，风里落花谁是主？思悠悠。
青鸟不传云外信，丁香空结雨中愁，回首绿波三楚暮，接天流。

——五代·李璟《摊破浣溪沙》

bào mǎ dīng xiāng

暴马丁香

木犀科丁香属，又名“暴马子”“白丁香”“荷花丁香”。

***Syringa reticulata* subsp. *amurensis* (Ruprecht) P. S. Green & M. C. Chang**

Japanese tree lilac

特征：落叶小乔木或大乔木，具直立或展开的枝条；树皮紫灰褐色，具细裂纹；枝灰褐色，无毛，当年生枝绿色或略带紫晕，无毛，疏生皮孔，次年生枝棕褐色，光亮，无毛，具较密皮孔；叶片厚纸质，宽卵形、卵形至椭圆状卵形，或为长圆状披针形，秋时呈铁锈色，无毛，叶柄无毛；圆锥花序，花序轴、花梗和花萼均无毛；花萼萼齿钝、凸尖或截平；花冠白色，呈辐射状，花冠管裂片呈卵形，先端尖锐；花丝与花冠裂片近等长或长于花冠裂片，花药黄色；果实长椭圆形，先端常钝。

花期为5~6月，果期为9月。

用途：树皮、树干及茎枝可入药；花的浸膏质地优良，被广泛用于调制各种香精，是一种使用价值较高的天然香料。

位置：会文广场。

花语：坚定的信仰。

楼上黄昏欲望休，玉梯横绝月如钩。
芭蕉不展丁香结，同向春风各自愁。
——唐 · 李商隐《代赠二首 · 其一》

mù xī

木樨

木樨科木樨属，又名“丹桂”“刺桂”“桂花”“四季桂”“银桂”“桂树”“彩桂”。

***Osmanthus fragrans* (Thunb.) Loureiro**

Sweet osmanthus

特征： 常绿乔木或灌木，原产我国西南部，树皮灰褐色，小枝黄褐色，无毛；叶片革质，椭圆形、长椭圆形或椭圆状披针形，先端渐尖，基部渐狭呈楔形或宽楔形，全缘或通常上半部具细锯齿，两面无毛，腺点在两面连成小水泡状突起，中脉在上面凹入，下面凸起，侧脉 6~8 对，多的可达 10 对；聚伞花序簇生于叶腋，或近于帚状，每腋内有花多朵；苞片宽卵形，质厚，具小尖头，无毛；花梗细弱，无毛；花极芳香，花冠黄白色、淡黄色、黄色或橘红色；雄蕊着生于花冠管的中部；果实歪斜，椭圆形，呈紫黑色。

花期为 9~10 月，果期为翌年 3 月。

用途： 花可制名贵香料，并可作为食品原料。

位置： 学生公寓附近。

花语： 美好、吉祥、收获。

人闲桂花落，夜静春山空。
月出惊山鸟，时鸣春涧中。
——唐 · 王维《鸟鸣涧》

wén guàn guǒ

文冠果

无患子科文冠果属，树姿秀丽，花序大，花朵稠密，花期长，甚为美观。

Xanthoceras sorbifolium **Bunge**

Yellowhorn

特征： 落叶灌木或小乔木，小枝粗壮，褐红色；叶小，披针形或近卵形，两侧稍不对称，顶端渐尖，基部楔形，边缘有锐利锯齿，顶生小叶通常三深裂；花序先于叶抽出或与叶同时抽出，两性花的花序顶生，雄花序腋生，直立；花瓣白色，基部紫红色或黄色，有清晰的脉纹；子房被灰色绒毛；蒴果，种子可食，颜色为黑色而有光泽，营养价值很高。

花期为 4~5 月，果期为 6~8 月。

用途： 种子可食，味道似板栗，种仁含脂肪 57.18%，蛋白质 29.69%，淀粉 9.04%，无机盐 2.65%，营养价值较高，是我国北方很有发展前途的木本油料植物，近年来已大量栽植。

位置： 校友林西北角。

花语： 纯情。

春来文冠馨，秋去松柏香。
爱香鸟欲语，水清鱼信遊。
——清·乾隆皇帝《文冠果》

jiē gǔ mù
接骨木

五福花科接骨木属，又名“九节风”“续骨草”“木蒴藋”“东北接骨木”。

Sambucus williamsii **Hance**

Williams elder

特征： 落叶灌木或小乔木，老枝淡红褐色，具有明显的长椭圆形皮孔，髓部淡褐色；羽状复叶，侧生小叶片卵圆形、狭椭圆形至倒矩圆状披针形，顶端尖、渐尖至尾尖，边缘具不整齐锯齿，有时基部或中部以下具有一至数枚腺齿，基部楔形或圆形，有时呈心形，两侧不对称；顶生小叶卵形或倒卵形，顶端渐尖或尾尖，基部楔形，初时小叶上面及中脉被稀疏短柔毛，后光滑无毛，叶搓揉后有臭气；托叶狭带形或退化成带蓝色的突起；花与叶同出，圆锥形聚伞花序顶生，花小而密；花冠为花蕾时带粉红色，开后为白色或淡黄色；果实为红色，极少数为蓝紫黑色，卵圆形或近圆形，分核 2~3 枚，卵圆形至椭圆形，略有皱纹。

花期一般为 4~5 月，果期为 9~10 月。

用途： 接骨木主要具有中医药方面的用途。

位置： 振声苑西侧。

花语： 守候、镇邪、消灾、保护、奉献、热心。

西岳崚嶒竦处尊，诸峰罗立似儿孙。
安得仙人九节杖，拄到玉女洗头盆。
车箱入谷无归路，箭栝通天有一门。
稍待秋风凉冷后，高寻白帝问真源。

——唐·杜甫《望岳三首·华山》

zǐ wēi

紫薇

千屈菜科紫薇属，又名“千日红”“无皮树”“百日红”“西洋水杨梅”“蚊子花”“紫兰花”“紫金花”“痒痒树”“痒痒花”。

***Lagerstroemia indica* L.**

Crape myrtle

特征： 落叶灌木或小乔木，树皮平滑，灰色或灰褐色；小枝具四棱，略成翅状；叶互生或有时对生，纸质，椭圆形、宽长圆形或倒卵形；无柄或叶柄很短；花淡红色、紫色或白色，常组成顶生圆锥花序；花瓣6朵，皱缩，具长爪；雄蕊多枚，6枚着生于花萼上且明显较长，其余着生于萼筒基部；蒴果椭圆状球形或宽椭圆形，幼时为绿色至黄色，成熟后或干后呈紫黑色。

花期为6~9月，果期为9~12月。

用途： 花色鲜艳美丽，花期长，寿命长，广泛作为观赏树栽植；木材坚硬、耐腐，可作为农具、家具、建筑等的用材；树皮、叶及花为强泻药，根和树皮的煎剂可治咯血、吐血、便血。

位置： 在校园内多处栽植，如校友林、振声苑西侧等。

花语： 和平，女性；沉迷的爱；雄辩，好运。

晓迎秋露一枝新，不占园中最上春。
桃李无言又何在，向风偏笑艳阳人。
——唐 · 杜牧《紫薇花》

mù jǐn

木槿

锦葵科木槿属，又名“喇叭花”“朝天暮落花”“荆条”“木棉”“朝开暮落花”“鸡肉花”“白饭花”“篱障花”“大红花”。

Hibiscus syriacus **L.**

Mugunghwa

特征： 落叶灌木，小枝密被黄色星状绒毛；叶菱形或三角状卵形，基部楔形，具不整齐缺齿，基脉 3 条；花单生枝端叶腋，花萼呈钟形、三角形，花冠呈钟形，淡紫色，花瓣 5 片，花柱分枝 5 根；蒴果卵圆形，密被黄色星状绒毛，具短喙；种子肾形，背部被黄白色长柔毛。

花期为 7~10 月。

用途： 主供园林观赏；茎皮富含纤维，可入药。

位置： 第周苑与淦昌苑附近。

花语： 温柔的坚持；永恒的生命，魅力；经历苦难后愈发坚强的性格；重情重义，怀旧。

园花笑芳年，池草艳春色。
犹不如槿花，婵娟玉阶侧。
芬荣何夭促，零落在瞬息。
岂若琼树枝，终岁长翕赩。
——唐 · 李白《咏槿》

蜡梅

là méi

蜡梅科蜡梅属，又名“大叶蜡梅”“狗矢蜡梅”“狗蝇梅”“腊梅”“磬口蜡梅”“黄梅花”“黄金茶”“石凉茶”“瓦乌柴”“麻木柴”“荷花蜡梅”“素心蜡梅”“蜡木”“卷瓣蜡梅”。

Chimonanthus praecox **(L.) Link**

Wintersweet

特征： 落叶小乔木或灌木状，鳞芽被短柔毛；叶纸质，卵圆形、椭圆形或宽椭圆形，先端尖或渐尖，罕见尾尖的情况，下面脉疏被微毛；花被片黄色，无毛，内花被片较短，基部具爪；花丝较花药长或近等长，花药内弯，无毛，药隔顶端短尖；心皮基部疏被硬毛，花柱比子房约长 3 倍；果托坛状，近木质，口部缢缩，并具有钻状披针形的被毛附生物。

花期为 11 月至翌年 3 月，果期为 4~11 月。

用途： 为园林绿化植物；根、叶可入药；花可解暑生津，治心烦口渴、气郁胸闷；花蕾油可治烫伤；花还可提取蜡梅浸膏，化学成分有苄醇、乙酸苄醋、芳樟醇、金合欢花醇、松油醇、吲哚等；种子含蜡梅碱。

位置： 校友林中部。

花语： 高风亮节、傲然于世、浩然正气；慈爱之心，高尚的心灵；忠实、独立、坚毅、忠贞、刚强、坚贞、高洁。

姹紫嫣红耻效颦，独从末路见精神。
溪山深处苍崖下，数点开来不借春。
——清·宁调元《早梅》

shān chá

山茶

山茶科山茶属，又名“洋茶”“茶花”“晚山茶”“耐冬”“山椿”“薮春”“曼佗罗”“野山茶”。

***Camellia japonica* L.**

Common camellia

特征： 乔木，幼枝无毛；叶革质，椭圆形，先端钝尖或骤短尖，基部宽楔形，两面无毛，具钝齿；单花顶生及腋生，红色；花无梗；苞片及萼片，半圆形或圆形，被绢毛，会脱落；外层2片花瓣近圆形，离生，被毛，余5片花瓣倒卵形，无毛；子房无毛，花柱顶端三裂；蒴果球形，3月裂开，木质，每室1~2粒种子，种子无毛。

花期为12月至翌年3月。

用途： 国内各地广泛种植，品种繁多，花大多数为红色或淡红色，亦有白色，多为重瓣，供观赏；花有止血功效；种子可榨油，供工业使用。

位置： 校友林中部，会文南楼门口有两株。

花语： 不同花色的茶花花语不同，比如金色茶花的花语是谦逊、理想的爱、美德、可爱，红色茶花的花语是天生丽质、谦让，白色茶花的花语是纯真无邪、可爱、清雅，等等。

枯林独秀染胭脂，不使群芳次第窥。
月桂殷勤来并色，江梅寂寞许同时。
霜飞雪舞终难挫，蝶隐蜂逃各未知。
折得一枝聊慰眼，儿童拍手误春期。

——宋·郭印《山茶》

灌木参差

yíng chūn huā

迎春花

木樨科素馨属，又名“重瓣迎春”。

Jasminum nudiflorum **Lindl.**

Winter jasmine

特征： 落叶灌木，枝条下垂，小枝无毛，棱上多少具窄翼；叶对生，三出复叶，小枝基部常具单叶；叶柄无毛，具窄翼；幼叶两面稍被毛，老叶仅叶缘具睫毛；小叶卵形或椭圆形，先端具短尖头，基部楔形；顶生小叶无柄或有短柄，侧生小叶无柄；花单生于去年生小枝叶腋；苞片小叶状；花萼绿色，裂片5~6片，窄披针形；花冠黄色，裂片5~6片，椭圆形；果实椭圆形。

花期为2~4月。

用途： 可供观赏。

位置： 振声苑西侧及东北侧，田径场北侧，二期工程地区。

花语： 相爱到地老天荒和坚韧。

浅艳侔莺羽，纤条结兔丝。
偏凌早春发，应诮众芳迟。
——宋 · 晏殊《迎春花》

lián qiáo

连翘

木樨科连翘属，又名“毛连翘”。

***Forsythia suspensa* (Thunb.) Vahl**

Weeping forsythia

特征：落叶灌木，枝条展开或下垂，棕色、棕褐色或淡黄褐色，小枝土黄色或灰褐色，略呈四棱形，疏生皮孔，节间中空，节部具实心髓；叶通常为单叶，或三裂至三出复叶，叶片卵形、宽卵形、椭圆状卵形至椭圆形，先端尖锐，基部圆形、宽楔形至楔形，叶缘除基部外具锐锯齿或粗锯齿，上面深绿色，下面淡黄绿色，两面无毛；花通常单生、双生乃至数朵着生于叶腋，先于叶开放；花萼绿色，先端钝或尖锐，边缘具睫毛，与花冠管近乎等长；花冠黄色，裂片倒卵状长圆形或长圆形；果实卵球形、卵状椭圆形或长椭圆形，先端喙状渐尖，表面疏生皮孔。

花期为 3~4 月，果期为 7~9 月。

用途：连翘的果实和叶可入药。

位置：九曲花街北部，学校东门南侧。

花语：预言、幸运。

前年视我山中病，落日独骑骢马来。
记得任家亭子上，连翘花发共衔杯。

——明 · 杨巍《平定李侍御应时予之同年友也曾视予病感之寄此》

jīn yè nǚ zhēn

金叶女贞

木樨科女贞属，又名“金森女贞”。

***Ligustrum* × *vicaryi* Rehder**

Hybrida vicary privet

特征： 落叶灌木，株高 2~3 米；叶薄革质，单叶对生，椭圆形或卵状椭圆形，先端尖，基部楔形，全缘；新叶金黄色，因此得名“金叶女贞”，老叶黄绿色至绿色；总状花序，花两性，为筒状白色小花；核果椭圆形，内含单粒种子，颜色为黑紫色。

花期为 5~6 月，果期为 10 月。

用途： 金叶女贞叶色金黄，耐修剪，是重要的绿篱和模纹图案材料，常与紫叶小檗、黄杨、龙柏等搭配使用；也常用于绿地、广场等的组字，还可以用于小庭园的装饰。

位置： 田径场南部等处，校园内的绿化带。

花语： 永恒的爱。

千千石楠树，万万女贞林。
山山白鹭满，涧涧白猿吟。
君莫向秋浦，猿声碎客心。
——唐·李白《秋浦歌十七首·其十》

yuè jì huā

月季花

蔷薇科蔷薇属，又名“月月花”“月月红”“中国玫瑰”“月季”。

Rosa chinensis **Jacq.**

China rose

特征： 直立灌木，高1~2米；小枝粗壮，圆柱形，近无毛，有短粗的钩状皮刺或无刺；小叶3~5片，边缘有锐锯齿，两面近无毛，上面暗绿色，常带光泽，下面颜色较浅，有散生皮刺和腺毛；花数朵集生，罕见单生，花梗近无毛或有腺毛；萼片先端尾状渐尖，边缘常有羽状裂片，外面无毛，内面密被长柔毛；花瓣重瓣至半重瓣，颜色为红色、粉红色至白色，倒卵形，先端有凹缺，基部楔形；果实卵球形或梨形，红色，萼片脱落。

花期为4~10月，果期为6~11月。

用途： 花、根、叶均可入药，花含挥发油、槲皮苷鞣质、没食子酸、色素等，鲜花或叶一般为外用。

位置： 振声苑南侧和东侧的绿地，田径场东侧。

花语： 月季花有很多品种，不同的品种有各自独特的花语，如白色月季花为纯洁、崇高，橙黄色月季花为青春，黄色月季花为道歉，红色月季花为火热等。

绿刺含烟郁，红苞逐月开。朝华抽曲沼，夕蕊压芳台。
能斗霜前菊，还迎雪里梅。踏歌春岸上，几度醉金杯。
——明 · 刘绘《月季花》

dān bàn yuè jì huā

单瓣月季花

蔷薇科蔷薇属，已经被列入《世界自然保护联盟濒危物种红色名录》。

***Rosa chinensis* var. *spontanea* (Rehd.et Wils.) Yü et Ku**

China rose

特征： 本变种枝条呈圆筒状，有宽扁皮刺，萼片常全缘，罕见具少数裂片的情况；初生茎紫红色，嫩茎绿色，老茎灰褐色，茎上生有尖而挺的刺，刺的疏密因品种而异；奇数羽状复叶，小叶3~7枚，卵形或长圆形，叶缘有锯齿，多数品种叶面平滑有光泽（有的品种粗糙无光），多数品种叶初展时为紫红色，后逐渐变绿；花生于茎顶，单生或丛生，有单瓣、复瓣（半重瓣）和重瓣之分，花色丰富，花形多样；果实为球形或梨形，成熟前为绿色，成熟后为橘红色，内含骨质瘦果。

花期为4~9月，球果翌年10~11月成熟。

用途： 作为切花和园艺花卉。

位置： 振声苑东侧绿地。

花语： 幸福快乐的心情、美丽动人的光荣以及热烈美好的爱情。

méi guī

玫瑰

蔷薇科蔷薇属，又名“滨茄子”“滨梨”“海棠花”“刺玫”。

Rosa rugosa **Thunb.**

Rugosa rose，Japanese rose

特征： 直立灌木，高度可达2米；茎粗壮，丛生；小枝密被绒毛，并有针刺和腺毛，皮刺淡黄色，外被绒毛；小叶5~9片，边缘有尖锐锯齿，上面为深绿色，无毛，叶脉下陷，有褶皱，下面为灰绿色，中脉突起，网脉明显，密被绒毛和腺毛，有时腺毛不明显；花单生于叶腋或数朵簇生，苞片卵形，边缘有腺毛，外被绒毛；萼片卵状披针形，先端尾状渐尖，上面有稀疏柔毛，下面密被柔毛和腺毛；花瓣倒卵形，重瓣至半重瓣，气味芳香，颜色为紫红色至白色；花柱离生，被毛，稍伸出萼筒口外，比雄蕊短很多；果实扁球形，砖红色，多肉质，表面平滑，萼片宿存。

花期为5~6月，果期为8~9月。

用途： 鲜花可以提取芳香油，其主要成分为左旋香芳醇，含量最高可达0.6%，可供食用及制化妆品用；花瓣可以制玫瑰饼、玫瑰酒、玫瑰糖浆，干制后可以泡茶；花蕾可以入药。

位置： 校友林玫瑰园。

花语： 爱情、美好、容光焕发、勇敢。

非关月季姓名同，不与蔷薇谱谍通。
接叶连枝千万绿，一花两色浅深红。
风流各自燕支格，雨露何私造化功。
别有国香收不得，诗人熏入水沉中。
——宋 · 杨万里《红玫瑰》

yě qiáng wēi

野蔷薇

蔷薇科蔷薇属，又名“蔷薇”“多花蔷薇”“营实墙蘼”“刺花”“墙蘼”“白花蔷薇”。

Rosa multiflora **Thunb.**

Japan rose

特征： 攀援灌木，小枝圆柱形，通常无毛，有短粗且稍弯曲的皮束；小叶 5~9 片，近花序的小叶有时为 3 片，叶片先端急尖或圆钝，边缘有尖锐单锯齿，上面无毛，下面有柔毛；小叶柄和叶轴有柔毛或无毛，有散生腺毛；花多朵，排成圆锥状花序；萼片披针形，外面无毛，内面有柔毛；花瓣白色，先端微凹，基部楔形；花柱结合成束，无毛，比雄蕊稍长；果实近球形，红褐色或紫褐色，有光泽，无毛，萼片脱落。

花期为 5~7 月，果期为 8~10 月。

用途： 供观赏用，也可作护坡及棚架之用。

位置： 振声苑东北侧，华岗苑东南侧，会文南楼北侧。

花语： 每种颜色的野蔷薇都有自己独特的花语，如红色野蔷薇的花语是热恋，粉色野蔷薇的花语是对爱人的宣言，白色野蔷薇的花语是纯洁爱情的象征，黄色野蔷薇的花语是化为守护神伴你前行，而罕见的蓝色野蔷薇的花语则是绝望和忧愁。

红残绿暗已多时，路上山花也则稀。
蕠苴余春还子细，燕脂浓抹野蔷薇。
——宋 · 杨万里《野蔷薇》

qī zǐ mèi
七姊妹

蔷薇科蔷薇属，又名“十姊妹”“七姐妹”。

***Rosa multiflora* var. *carnea* Thory**

Qi zi mei rose

特征：七姊妹是野蔷薇的一个变种，一枝十花或七花，故名“七姊妹”或“十姊妹”。与模式种的区别是，本变种花重瓣，呈粉红色。

用途：供观赏用，也可作护坡及棚架之用。

位置：振声苑东侧，华岗苑东侧。

花语：浪漫，爱的誓言，对自己喜欢的人代表着承诺。

红罗斗结同心小，七蕊参差弄春晓。
尽是东风儿女魂，蛾眉一样青螺扫。
三姊娉婷四妹娇，绿窗虚度可怜宵。
八姨秦国休相妒，肠断江东大小乔。
——元末明初 · 杨基《咏七姊妹花》

sāo sī huā

缫丝花

蔷薇科蔷薇属，又名“刺梨”，原产中国西南部。

Rosa roxburghii **Tratt.**

Roxburgh rose

特征： 枝叶展开的灌木，树皮灰褐色，呈片状剥落；小枝圆柱形，斜向上升，有基部稍扁而成对的皮刺；小叶 9~15 片，叶片椭圆形或长圆形，先端急尖或圆钝，基部宽楔形，边缘有细锐锯齿，网脉明显，叶轴和叶柄有散生小皮刺；托叶大部贴生于叶柄，边缘有腺毛；花单生或 2~3 朵复生，生于短枝顶端，花梗短；小苞片 2~3 枚，卵形，边缘有腺毛；萼片通常为宽卵形，先端渐尖，有羽状裂片，内面密被绒毛，外面密被针刺；花瓣重瓣至半重瓣，淡红色或粉红色，微香，倒卵形；雄蕊多数着生在杯状萼筒边缘；心皮多数，着生在花托底部；花柱离生，被毛，不外伸，短于雄蕊；果实扁球形，绿红色，外面密生针刺；萼片宿存，直立。

花期为 5~7 月，果期为 8~10 月。

用途： 可供观赏或搭建绿篱，果实可食用或酿酒，根及果实也可入药。

位置： 九曲花街中部。

花语： 美好，象征美好的事物和感情，寓意吉祥。

dì táng huā

棣棠花

蔷薇科棣棠花属，又名“土黄条”“鸡蛋黄花”“棣棠”“山吹”。

Kerria japonica **(L.) DC.**

Kerria

特征： 有叶灌木，高1~2米；小枝绿色，圆柱形，无毛，常拱垂，嫩枝有棱角；叶互生，三角状卵形或卵圆形，顶端长，渐尖，基部圆形、截形或微心形，边缘有尖锐重锯齿，两面绿色，上面无毛或有稀疏柔毛，下面沿脉或脉腋有柔毛；叶柄无毛，托叶早落；单花，着生在当年生侧枝顶端，花梗无毛；萼片卵状椭圆形，顶端急尖，有小尖头，全缘，无毛，出果时宿存；花瓣黄色，宽椭圆形，顶端下凹；瘦果倒卵形至半球形，褐色或黑褐色，表面无毛，有皱褶。

花期为4~6月，果期为6~8月。

用途： 茎髓可作为通草代用品入药；可在庭园内种植。

位置： 专家公寓3号楼北侧。

花语： 高贵。

绿罗摇曳郁梅英，袅袅柔条韡韡金。
荣萼有光倾日近，仙姿无语击春深。
盛传覆弟承华喻，别纪遗恩芾木阴。
晚圃甚花堪并驾，周诗明写友于心。
——宋 · 董嗣杲《棣棠花》

chóng bàn dì táng huā

重瓣棣棠花

蔷薇科棣棠花属，我国湖南、四川和云南有野生种。

***Kerria japonica* f. *pleniflora* (Witte) Rehd.**

Doubleflower kerria

特征： 为棣棠花的变种，落叶灌木，花重瓣。花期为 4~6 月，果期为 6~8 月。

用途： 庭园内种植。

位置： 华岗苑东侧池塘边。

花语： 离别之情。

乍晴芳草竞怀新，谁种幽花隔路尘？
绿地缕金罗结带，为谁开放可怜春。
——宋 · 范成大《沈家店道傍棣棠花》

hóng yè shí nán

红叶石楠

蔷薇科石楠属，在我国许多省份已经广泛栽植。

Photinia* × *fraseri

Red tip photinia，Christmas berry

特征： 常绿灌木或小乔木；枝褐灰色，无毛；冬芽卵形，鳞片褐色，无毛；叶片革质，长椭圆形、长倒卵形或倒卵状椭圆形，先端尾尖，边缘有疏生具腺细锯齿，上面光亮，幼时中脉有绒毛，成熟后两面皆无毛，中脉显著；叶柄粗壮；复伞房花序顶生，总花梗和花梗无毛，花密生；萼筒杯状，无毛；雄蕊 20 枚，花药带紫色，果实球形，红色，后成褐紫色，含有单粒种子；种子卵形，棕色，外观平滑。

花期为 4~5 月，果期为 10 月。

用途： 为常见的栽植树种；木材坚密，可制车轮及器具柄；叶和根可入药。

位置： 校友林，博物馆周围。

花语： 威严、庄重、赞赏、庆祝、愿望成真。

石楠红叶透帘春，忆得妆成下锦茵。
试折一枝含万恨，分明说向梦中人。
——唐 · 权德舆《石楠树》

jīn yàn xiù xiàn jú

金焰绣线菊

蔷薇科绣线菊属，叶色有丰富的季相变化。

***Spiraea* × *bumalda* cv. 'Cold Flame'**

特征： 落叶灌木，芽小，芽鳞 2~8 个；单叶互生，具锯齿、缺刻或分裂，罕见全缘，羽状脉，或基部具 3~5 出脉，叶柄短，无托叶；花两性，罕见杂性；花序伞形、伞形总状、伞房状或圆锥状；萼筒钟状，萼片 5 片，花瓣 5 片，常圆形；雄蕊 15~60 枚，着生在花盘外缘；心皮 3~8 个，多为 5 个，离生；蓇荚果 5 个，常沿腹缝开裂；种子数粒，细小，胚乳量少或无。

花果期为 6~8 月。

用途： 可布置花坛、花境，点缀园林小品。

位置： 第周苑 C 座北侧。

花语： 祈福、努力。

píng zhī xún zǐ

平枝栒子

紫葳科梓属，又名“光灰楸”“紫花楸”“楸木”“紫楸”“川楸”“滇楸”。

Cotoneaster horizontalis **Dcne.**

Rock cotoneaster

特征： 落叶或半常绿匍匐灌木，高不超过 0.5 米，枝水平张开成整齐的两列；小枝圆柱形，幼时外被糙伏毛，老时脱落，黑褐色；叶片近圆形或宽椭圆形，罕见倒卵形，先端多数急尖，基部楔形，全缘，上面无毛，下面有稀疏平贴柔毛；叶柄被柔毛；托叶钻形，早落；花近无梗，萼筒钟状，外面有稀疏短柔毛，内面无毛；花瓣直立，倒卵形，先端圆钝，粉红色；雄蕊约 12 枚，短于花瓣；花柱常为 3 根，离生，短于雄蕊；果实近球形，鲜红色，常具三小核，罕见双小核。

花期为 5~6 月，果期为 9~10 月。

用途： 全株皆可入药，常布置于庭园、绿地和墙沿、角隅，可作为植被用树和制作盆景。

位置： 学生公寓 1 号楼，二期工程地区。

huǒ jí
火棘

蔷薇科火棘属，又名“赤阳子”“红子”“救命粮”“救军粮”“救兵粮”“火把果”。

Pyracantha fortuneana **(Maxim.) Li**

Chinese firethorn

特征： 常绿灌木，高度可达 3 米；侧枝短，先端呈刺状，嫩枝外被铁锈色短柔毛，老枝暗褐色，无毛；芽小，外被短柔毛；叶片倒卵形或倒卵状长圆形，先端圆钝或微凹，有时具短尖头，基部楔形，下延连于叶柄，边缘有钝锯齿，齿尖向内弯，近基部全缘，两面皆无毛；叶柄短，无毛或嫩时有柔毛；花集成复伞房花序，花梗和总花梗近于无毛；萼筒钟状，无毛；萼片三角卵形，先端钝；花瓣白色，近圆形；雄蕊 20 枚，药黄色；花柱 5 根，离生，子房上部密生白色柔毛；果实近球形，橘红色或深红色。

花期为 3~5 月，果期为 8~11 月。

用途： 栽植形成绿篱，果实磨粉后可作为代食品。

位置： 在校园内多处栽植，如第周苑 A 座东侧、淦昌苑 D 座西侧等。

花语： 慈悲、温暖、吉祥。

绿影复幽池，芳菲四月时。
管弦朝夕兴，组绣百千枝。

——宋·李从善《蔷薇诗一首十八韵·呈东海侍郎徐铉》

zhēn zhū méi

珍珠梅

蔷薇科珍珠梅属，又名“东北珍珠梅”“华楸珍珠梅”“八本条”“高楷子”“山高粱条子”。

Sorbaria sorbifolia **(L.) A. Br.**

Ural falsespiraea，Mountinash falsespiraea

特征： 灌木，小枝无毛或微被短柔毛，羽状复叶，叶轴微被短柔毛；小叶先端渐尖，罕见尾尖的情况，有尖锐重锯齿，两面无毛或近无毛，侧脉 12~16 对；小叶无柄或近无柄；顶生密集圆锥花序，花序梗和花梗被星状毛或短柔毛，苞片卵状披针形或线状披针形，果期渐脱落；萼片三角卵形，花瓣白色；雄蕊 40~50 枚，为花瓣长度的 1.5~2 倍；心皮 5 片，无毛或稍具柔毛；蓇葖果长圆形，果柄直立；萼片宿存，反折，罕见展开的情况。

花期为 7~8 月，果期为 9 月。

用途： 在园林中丛植于草地角隅、窗前、屋后或庭园背阴处，亦可作绿篱或切花瓶插。

位置： 华岗苑北侧。

花语： 友爱和努力。

huáng yáng

黄杨

黄杨科黄杨属，又名“锦熟黄杨”“瓜子黄杨”“黄杨木”。

Buxus sinica **(Rehd. et Wils.) Cheng**

Chinese little-leaf box

特征： 灌木或小乔木；枝圆柱形，有纵棱，灰白色；小枝四棱形，全面被短柔毛或外方，相对两侧面无毛；叶革质，阔椭圆形、阔倒卵形、卵状椭圆形或长圆形，叶面光亮，中脉凸出，下半段常有微细毛，侧脉明显，叶背中脉平坦或稍凸出，中脉上常密被白色短线状钟乳体，全无侧脉；花序腋生，头状，花密集，被毛，苞片阔卵形，背部有毛；雄花无花梗，外萼片卵状椭圆形，内萼片近圆形，无毛，末端膨大；雌花子房较花柱稍长，无毛，花柱粗扁，柱头倒心形，下延达花柱中部；蒴果近球形。

花期为3月，果期为5~6月。

用途： 在园林中常作绿篱、大型花坛镶边，修剪成球形或其他整形栽植，点缀山石或制作盆景；根、叶可入药，全年可采摘、晒干。

位置： 校园内绿化带。

花语： 不屈不挠，生财、吉祥。

百丈休牵上濑船，一钩归钓缩头鳊。
园中草木春无数，只有黄杨厄闰年。
——宋 · 苏轼《退圃》

shān zhū yú

山茱萸

山茱萸科山茱萸属，又名“枣皮”。

Cornus officinalis **Sieb. et Zucc.**

Japanese cornel

特征：落叶乔木或灌木，高度可达 4~10 米；树皮灰褐色，小枝细圆柱形；叶对生，纸质，先端渐尖，全缘，上面绿色，无毛，下面浅绿色，罕见被白色贴生短柔毛；伞形花序生于枝侧，总苞片 4 层，卵形，厚纸质至革质，带紫色；总花梗粗壮，微被灰色短柔毛；花小，两性，先于叶开放；花萼裂片 4 片，花瓣 4 片，舌状披针形，黄色，向外反卷；雄蕊 4 枚，与花瓣互生；花盘垫状，无毛；子房下位，花托倒卵形，密被贴生疏柔毛，花柱圆柱形；花梗纤细，密被疏柔毛；核果长椭圆形，红色至紫红色；核骨质，狭椭圆形，有几条不整齐的肋纹。

花期为 3~4 月，果期为 9~10 月。

用途：可入药，味酸涩，性微温。

位置：校友林。

花语：报答、感谢，彼此相爱、富贵吉祥、驱邪逐恶。

朱实山下开，清香寒更发。
幸与丛桂花，窗前向秋月。
——唐·王维《山茱萸》

hóng ruì mù

红瑞木

山茱萸科山茱萸属，又名“红梗木”“凉子木”“红瑞山茱萸”。

***Cornus alba* Linnaeus**

Red-barked

特征： 高度可达 3 米；树皮紫红色；幼枝初被短柔毛，后被蜡粉，老枝具圆形皮孔及环形叶痕；冬芽被毛；叶纸质，对生，先端急尖，全缘或微波状，微反卷，上面暗绿色，微被伏生短柔毛，下面粉绿色，被伏生短柔毛，侧脉 4~6 对，两面网脉微显；顶生伞房状聚伞花序，花白色或淡黄色，花萼裂片 4 片;花瓣先端急尖，微内折;花药淡黄色;子房下位，花托密被灰白色伏生短柔毛，花梗密被灰白色短柔毛；核果扁圆球形，外侧微具四棱，顶端宿存花柱及柱头，微偏斜；核扁，菱形，两端微呈喙状；果实带柄，疏被短柔毛。

花期为 6~7 月，果期为 8~10 月。

用途： 种子含油量约为 30%，可供工业使用；常作为庭园观赏植物栽植。

位置： 学生宿舍 1 号楼。

花语： 勤勉、无私的勤劳和奉献精神。

万物庆西成，茱萸独擅名。
芳排红结小，香透夹衣轻。
宿露沾犹重，朝阳照更明。
长和菊花酒，高宴奉西清。
——唐·徐铉《茱萸诗》

jǐn xiù dù juān

锦绣杜鹃

杜鹃花科杜鹃花属，又名“毛鹃”“毛杜鹃”“紫鹃”“春鹃”“鲜艳杜鹃”“毛叶杜鹃”“鳞艳杜鹃”。

***Rhododendron* × *pulchrum* Sweet**

Beautiful azalea

特征：半常绿灌木，枝展开，淡灰褐色，被淡棕色糙伏毛；叶薄革质，椭圆状长圆形、椭圆状披针形或长圆状倒披针形，先端钝尖，基部楔形，边缘反卷，全缘，上面深绿色，下面淡绿色；叶柄密被棕褐色糙伏毛；花芽卵球形，鳞片外面沿中部具淡黄褐色毛，内有黏质；伞形花序顶生，有花 1~5 朵；花梗密被淡黄褐色长柔毛；花萼大，绿色，被糙伏毛；花冠玫瑰紫色，阔漏斗形；子房卵球形，密被黄褐色刚毛状糙伏毛；蒴果长圆状卵球形，被刚毛状糙伏毛，花萼宿存。

花期为 4~5 月，果期为 9~10 月。

用途：成片栽植，开花时浪漫似锦，万紫千红，可增添园林的自然景观效果，也可在岩石旁、池畔、草坪边缘丛栽，增添庭园气氛；盆栽可摆放在宾馆、居室和公共场所，绚丽夺目。

位置：九曲花街中部。

花语：爱的喜悦。

轻剪梢头薄薄罗，子规湔血恨难磨。
园林莫道香飞尽，嫩绿枝头不用多。
——宋 · 易士达《杜鹃花》

jīn yín rěn dōng

金银忍冬

忍冬科忍冬属，又名“金银木”。

Lonicera maackii **(Rupr.) Maxim.**

Amur honcysuckle

特征： 落叶灌木；幼枝、叶两面脉、叶柄、苞片、小苞片及萼檐外面均被柔毛和微腺毛；冬芽小，卵圆形，有5~6对或更多鳞片；叶纸质，卵状椭圆形或卵状披针形，罕见长圆状披针形、倒卵状长圆形、菱状长圆形或圆卵形，先端渐尖或长渐尖；花芳香，生于幼枝叶腋；苞片线形，有时显线状倒披针形而呈叶状；小苞片绿色，部分连合成对，长为萼筒的一半至几乎相等；花冠先白后黄，外被短伏毛或无毛，唇形，冠筒长约为唇瓣的一半，内被柔毛；雄蕊与花柱长约为花冠的2/3，花丝中部以下和花柱均有向上的柔毛；果实成熟时为暗红色，呈圆形。

花期为5~6月，果期为8~10月。

用途： 茎皮可制人造棉，花可提取芳香油，种子榨取的油可制肥皂。

位置： 振声苑北侧。

花语： 一心一意地喜欢你，有情人终成眷属。

lán yè rěn dōng

蓝叶忍冬

忍冬科忍冬属，又名“蓝叶红花忍冬”。

Lonicera korolkowi

Blue leaf honeysuckle

特征： 株高 2~3 米，树形展开；叶卵形或卵圆形，全缘，先端尖，基部圆形，新叶嫩绿，老叶墨绿色或泛蓝色；花红色，成对生于腋生的花序梗顶端；浆果呈亮红色。

花期为 4~9 月，果期为 7~12 月。

用途： 适合片植或带植，也可作为花篱。

位置： 振声苑 B 座南侧，淦昌苑 B 座南侧。

花语： 象征美好的事物和感情，寓意吉祥。

jǐn dài huā
锦带花

忍冬科锦带花属，又名“早锦带花”“海仙”“锦带”“旱锦带花”。

***Weigela florida* (Bunge) A. DC.**

Oldfashioned weigela

特征：落叶灌木；高度可达1~3米；树皮灰色；芽顶端尖，具有3~4对鳞片，常光滑；叶边缘有锯齿，上面疏生短柔毛，脉上毛较密，下面密生短柔毛或绒毛，具短柄至无柄；花单生或成聚伞花序生于侧生短枝的叶腋或枝顶；萼筒长圆柱形，疏被柔毛，深达萼檐中部；花冠紫红色或玫瑰红色，外面疏生短柔毛，裂片不整齐，展开，内面浅红色；花丝短于花冠，花药黄色；子房上部的腺体为黄绿色，花柱细长，柱头两裂；种子无翅。

花期为4~6月。

用途：适宜在庭园墙隅、湖畔群植，也可在树丛林缘作为花篱、丛植配植，点缀于假山、坡地等。

位置：校友林东侧过道。

花语：前程似锦、绚烂、美丽。

妍红棠棣妆，弱绿蔷薇枝。
小风一再来，飘飘随舞衣。
吴下妩芳槛，峡中满荒陂。
佳人堕空谷，皎皎白驹诗。
——宋·范成大《锦带花》

mǔ dān

牡丹

芍药科芍药属，又名“鼠姑”“鹿韭”“白茸”“木芍药”“百雨金”“洛阳花”“富贵花”。

Paeonia suffruticosa **Andr.**

Subshrubby peony

特征： 落叶灌木，茎高度可达 2 米，分枝短而粗；叶通常为二回三出复叶；顶生小叶宽卵形，三裂至中部，裂片不裂或双浅裂至三浅裂，表面绿色，无毛，背面淡绿色；侧生小叶狭卵形或长圆状卵形，不裂或双浅裂至三浅裂，近无柄；花单生枝顶，苞片 5 片，长椭圆形；萼片 5 片，绿色，宽卵形，大小不等；花瓣 5 片或为重瓣，颜色为玫瑰色、红紫色、粉红色至白色，通常变异很大，呈倒卵形，顶端呈不规则的波状；蓇葖果，密生黄褐色硬毛。

花期为 5 月，果期为 6 月。

用途： 根皮可入药，称“丹皮”。

位置： 校友林南侧牡丹园。

花语： 牡丹的花色不同，其花语也不同：红色牡丹的花语为奔放、热情、美好、富贵、圆满，白色牡丹的花语为真挚、端庄、纯洁，黄色牡丹的花语为珍贵的、繁华的、富有的，粉色牡丹的花语为华贵的、大方的、端庄的，黑色牡丹的花语为“为爱而可以放弃所有”。

庭前芍药妖无格，池上芙蕖净少情。
唯有牡丹真国色，花开时节动京城。
——唐 · 刘禹锡《赏牡丹》

zǐ yè xiǎo bò

紫叶小檗

小檗科小檗属，又名“紫叶女贞”“紫叶日本小檗”“红叶小檗”。

Berberis thunbergii **‘Atropurpurea’**

Japanese barberry

特征： 落叶灌木，叶菱状卵形，紫红色；花 2~5 朵，成具短总梗并近簇生的伞形花序，或无总梗而呈簇生状，花被黄色；小苞片带红色，急尖；外轮萼片卵形，先端近钝，内轮萼片稍大于外轮萼片；花瓣长圆状倒卵形，先端微缺，基部以上靠近腺体；花药先端截形；浆果红色，椭圆形，稍具光泽，含种子 1~2 粒。

花期为 4~6 月，果期为 7~12 月。

用途： 在我国大部分地区，特别是各大城市常作为庭园树或在路旁作为绿化树或绿篱栽植。

位置： 校园内绿化带。

花语： 善与恶。

食檗不易食梅难，檗能苦兮梅能酸。
未如生别之为难，苦在心兮酸在肝。
晨鸡再鸣残月没，征马连嘶行人出。
回看骨肉哭一声，梅酸檗苦甘如蜜。
黄河水白黄云秋，行人河边相对愁。
天寒野旷何处宿，棠梨叶战风飕飕。
生离别，生离别，忧从中来无断绝。
忧极心劳血气衰，未年三十生白发。

——唐·白居易《生离别》

luó bù má

罗布麻

夹竹桃科罗布麻属，又名“红麻”“红柳子”“茶叶花”。

***Apocynum venetum* L.**

Sword-leaf dogbane

特征： 直立半灌木，具乳汁；枝条对生或互生，圆筒形，光滑无毛，紫红色或淡红色；叶对生，仅在分枝处为近对生，叶片椭圆状披针形至卵圆状长圆形，叶缘具细齿；叶柄间具腺体，老时脱落；圆锥状聚伞花序，一至多歧，通常顶生；苞片膜质，披针形；花萼五深裂，两面被短柔毛，边缘膜质；花冠圆筒状钟形，紫红色或粉红色，两面密被颗粒状突起；雄蕊着生在花冠筒基部；花药箭头状；花柱短，上部膨大;子房由两枚离生心皮组成，每枚心皮有胚珠多个;蓇葖两枚，下垂；种子多粒，卵圆状长圆形，黄褐色。

花期为 4~9 月，果期为 7~12 月。

用途： 可入药，也是良好的蜜源植物。

位置： 篮球场西侧，二期工程地区。

花语： 残酷、献身。

ōu zhōu jiá mí

欧洲荚蒾

五福花科荚蒾属，又名“欧洲绣球”“欧洲雪球”。

***Viburnum opulus* L.**

Guelder-rose

特征： 落叶灌木，叶轮廓圆卵形至广卵形或倒卵形，通常三裂，具掌状三出脉；叶柄粗壮，无毛，有 2~4 枚至更多枚明显的长盘形腺体，基部有双钻形托叶；复伞形聚伞花序，周围大多有大型的不孕花，总花梗粗壮，无毛，花生于第二级至第三级辐射枝上，花梗极短；萼筒倒圆锥形，萼齿三角形，均无毛；花冠白色，辐射状，裂片近圆形；大小稍不等，筒与裂片几乎等长，内被长柔毛；果实红色，近圆形；核扁，近圆形，灰白色，稍粗糙，无纵沟。

花期为 5~6 月，果期为 9~10 月。

用途： 茎枝不用修剪自然成形，可减少园林绿化成本；春观花，夏观果，秋观叶、果，冬观果，四季皆有景，是一种开发价值很高的野生观赏植物。欧洲荚蒾有较强的耐荫性和较高的园林生态服务功能，在干旱地区的城市绿地系统建设中可作为耐荫灌木使用。

位置： 学生公寓 2 号楼西侧及南侧。

花语： 至死不渝的爱。

zǐ suì huái
紫穗槐

豆科紫穗槐属，又名“槐树”“紫槐”“棉槐”“棉条”“椒条”。

***Amorpha fruticosa* L.**

Desert false indigo

特征：落叶灌木，茎丛生；小枝幼时密被短柔毛，后渐变为无毛；奇数羽状复叶；托叶线形，脱落；小叶卵形或椭圆形，先端圆、急尖或微凹，有短尖，基部宽楔形或圆形，上面无毛或疏被毛，下面被白色短柔毛和黑色腺点；穗状花序顶生或生于枝条上部叶腋，花序梗与序轴均密被短柔毛；花多，密生；花萼钟状，疏被毛或近无毛，萼齿5片，三角形，近等长；花冠紫色，旗瓣心形，先端裂至瓣片的1/3，基部具短瓣柄，翼瓣与龙骨瓣均缺如；花丝基部合生，与子房同包于旗瓣之中，成熟后伸出至花冠之外；子房无柄，花柱被毛；荚果长圆形，下垂，微弯曲，具小突尖，成熟时为棕褐色，有疣状腺点。

花果期为5~10月。

用途：枝叶可作为绿肥、家畜饲料；茎皮可提取栲胶；枝条可编制篓筐；果实含芳香油，种子含油率约为10%，可作为油漆、甘油和润滑油的原料；广泛栽植于河岸、河堤、沙地、山坡及铁路沿线，有护堤防沙、防风固沙的作用。

位置：二期工程地区。

花语：清新，脱俗，一种浓烈的爱，岁月的轮回，思念。

嘉树吐翠叶，列在双阙涯。
旖旎随风动，柔色纷陆离。
——魏晋 · 繁钦《槐树诗》

dōngqīng wèi máo

冬青卫矛

卫矛科卫矛属，又名“扶芳树”“正木”“大叶黄杨”。

Euonymus japonicus **Thunb.**

Evergreen spindle

特征： 灌木，高度可达3米；小枝四棱，具细微皱突；叶革质，有光泽，倒卵形或椭圆形，先端圆阔或急尖，基部楔形，边缘具有浅细钝齿；聚伞花序，有5~12朵花，2~3次分枝，分枝及花序梗均扁壮，第3次分枝常与小花梗等长或较短；花白绿色，花瓣近卵圆形，雄蕊花药长圆状，内向；子房每室含两胚珠，着生于中轴顶部；蒴果近球状，淡红色；种子每室单粒，顶生，椭圆状，假种皮为橘红色，全包种子。

花期为6~7月，果期为9~10月。

用途： 本物种最先于日本发现，后引入我国，作为观赏或绿篱植物栽植。

位置： 校园内绿化带。

花语： 严肃、正义。

妖蕊，绽枝枚，淡淡黄黄白白蕾。
烟花三月娇柔魅，果红夏天枝累。
蜂爱蝶亲藏道理，星星点点芳菲。
——元·佚名《调笑令·冬青卫矛》

xiù qiú

绣球

绣球花科绣球属，又名“八仙花”“紫阳花”。

Hydrangea macrophylla **(Thunb.) Ser.**

Bigleaf hydrangea, French hydrangea

特征： 灌木，高度可达 4 米，树冠球形；小枝粗，无毛；叶倒卵形或宽椭圆形，先端骤尖，具短尖头，基部钝圆或宽楔形，两面无毛或下面中脉两侧疏被卷曲柔毛，脉腋有髯毛，侧脉 6~8 对；叶柄粗，无毛；伞房状聚伞花序，近球形，直径 8~20 厘米，具短的总花梗，分枝粗壮，近等长，密被紧贴短柔毛，花密集，多数不育；不育花有萼片 4 片，颜色为粉红色、淡蓝色或白色，孕性花极少数；萼筒为倒圆锥状，与花梗疏被卷曲短柔毛，萼齿卵状三角形，花瓣长圆形；雄蕊 10 枚，近等长，不突出或稍突出，花药长圆形；子房大半下位，花柱 3 根，柱头稍扩大，半环状；蒴果长陀螺状。

花期为 6~8 月。

用途： 可入药，也可供观赏。

位置： 华岗苑东侧。

花语： 不同颜色的绣球花有不同的花语，如白色绣球花的花语是希望，因为白色就是光明和希望的象征；粉色绣球花的花语是浪漫与美满，因为粉色看起来比较浪漫；蓝色绣球花的花语是背叛、见异思迁；紫色绣球花的花语是永恒、团聚。

正是红稀绿暗时，花如圆玉莹无疵。
何人团雪高抛去，冻在枝头春不知。
——宋·顾逢《正绣球花》

藤蔓宛转

rěn dōng

忍冬

忍冬科忍冬属，又名“金银花”“双花”“金银藤”“老翁须”“鸳鸯藤”“蜜桷藤”“子风藤”“右转藤”“二宝藤”“二色花藤”“银藤”。

Lonicera japonica **Thunb.**

Japanese honeysuckle

特征： 半常绿藤本植物，幼枝暗红褐色，密被硬直糙毛、腺毛和柔毛，下部常无毛；叶纸质，卵形或长圆状卵形，有时卵状披针形，罕见圆卵状或倒卵形，基部圆形或近心形，有糙缘毛，下面淡绿色，小枝上部叶两面均密被糙毛，下部叶常无毛，下面多少带青灰色；叶柄密被柔毛；小苞片先端圆或平截，有糙毛和腺毛；萼筒无毛，萼齿卵状三角形或长三角形，有长毛，外面和边缘有密毛；花冠先白后黄，唇形，冠筒稍长于唇瓣，被倒生糙毛和长腺毛，上唇裂片先端钝，下唇带状反曲；雄蕊和花柱高出花冠；果圆形，熟时呈蓝黑色。

花期为 4~6 月（秋季常开花），果期为 10~11 月。

用途： 忍冬是一种具有悠久历史的常用中药，“金银花”一名始见于李时珍所著的《本草纲目》。

位置： 在校园内多处栽植，如校友林等。

花语： 全心全意地把爱奉献给你。

春晚山花各静芳，从教红紫送韶光。
忍冬清馥蔷薇酽，薰满千村万落香。
——宋 · 范成大《余杭》

jiù huāng yě wān dòu

救荒野豌豆

豆科野豌豆属，又名“野豌豆”“箭舌野豌豆”“苕子”“马豆”“野毛豆”“雀雀豆”“山扁豆”“草藤”“薇”“大巢菜”。

Vicia sativa **L.**

Common vetch

特征：一年生或两年生草本植物，高 0.15~1 米，茎斜升或攀援，单一或多分枝，具棱，被微柔毛；偶数羽状复叶，卷须有 2~3 分支；托叶戟形，通常有 2~4 裂齿，长 3~4 毫米，小叶 2~7 对，长椭圆形或近心形，先端圆或平截，有凹，具短尖头，基部楔形，侧脉不甚明显，两面被贴伏黄柔毛；花 1~2 朵或 4 朵，腋生，近无梗；萼钟形，外面被柔毛，萼齿披针形或锥形；花冠紫红色或红色，旗瓣呈长倒卵圆形，先端圆，微凹，中部两侧缢缩，翼瓣短于旗瓣，龙骨瓣短于翼瓣；子房线形，微被柔毛，胚珠 4~8 粒，具短柄，花柱上部被淡黄白色髯毛；荚果线状长圆形，成熟后呈黄色，种子间稍缢缩，有毛。

花期为 4~7 月，果期为 7~9 月。

用途：为绿肥及优良牧草；全草可入药，花果期及种子有毒。救荒野豌豆在先秦以前叫“薇”，“采薇”采的就是救荒野豌豆的嫩尖。

位置：在校园内多处栽植，如校友林、第周苑与华岗苑一带。

采薇采薇，薇亦作止。
曰归曰归，岁亦莫止。
靡室靡家，猃狁之故。
不遑启居，猃狁之故。
——西周 · 佚名《诗经 · 小雅 · 采薇》

biǎn dòu

扁豆

豆科扁豆属，又名“白花扁豆”“鹊豆”“沿篱豆”“藤豆”“膨皮豆”“火镰扁豆”“片豆”“梅豆”“驴耳朵豆角”。

Lablab purpureus **(L.) Sweet**

Hyacinth bean

特征： 多年生缠绕藤本植物，全株几乎无毛，常呈淡紫色；羽状复叶，具三小叶；托叶基着，披针形，小托叶线形；小叶宽三角状卵形，宽约与长相等，侧生小叶两边不等大，偏斜，先端急尖或渐尖，基部近截平；总状花序直立，花序轴粗壮；小苞片两片，近圆形，可脱落；花两朵至多朵，簇生于每一节上；花萼钟状；花冠白色或紫色，旗瓣圆形，基部两侧具两枚长而直立的小附属体；子房线形，无毛，花柱比子房长，一侧扁平，近顶部内缘被毛；荚果长圆状镰形，近顶端最阔，扁平，直或稍向背部弯曲，顶端有弯曲的尖喙，基部渐狭；种子 3~5 粒，扁平，长椭圆形，在白花品种中为白色，在紫花品种中为紫黑色，种脐线形，长度约占种子周长的 2/5。

花期为 4~12 月。

用途： 我国南北朝时期的名医陶弘景所撰《名医别录》中就对扁豆有过记载。扁豆的花有红白两种，豆荚有绿白、浅绿、粉红或紫红等色；嫩荚可作为蔬食，白花和白色的种子可入药，有消暑除湿、健脾止泻之功效。

位置： 校园东墙根，二期工程地区。

碧水迢迢漾浅沙，几丛修竹野人家。
最怜秋满疏篱外，带雨斜开扁豆花。
——清 · 查学礼《扁豆花》

zǐ téng

紫藤

豆科紫藤属，又名“紫藤萝”“白花紫藤”。

***Wisteria sinensis* (Sims) DC.**

Chinese wisteria

特征： 大型藤本植物，长度可达 20 余米;茎粗壮，左旋;嫩枝黄褐色，被白色绢毛;羽状复叶，小叶 9~13 片，纸质，卵状椭圆形或卵状披针形，先端小叶较大，基部的一对最小，先端渐尖或尾尖，基部钝圆形、楔形或歪斜，嫩时两面被平伏毛，后无毛，小托叶刺毛状；总状花序生于去年短枝的叶腋或顶芽，先于叶开放；花梗细，密被细毛；花冠紫色，旗瓣反折，基部有两枚柱状胼胝体；子房密被茸毛，胚珠 6~8 粒；荚果线状倒披针形，成熟后不脱落，密被灰色茸毛；种子 1~3 粒，褐色，扁圆形，具有光泽。

花期为 4~5 月，果期为 5~8 月。

用途： 紫藤在我国古代即作为庭园棚架植物栽植，花先于叶开放，紫穗满垂缀以稀疏嫩叶，十分优美。

位置： 博物馆东侧，九曲花街芝兰亭。

花语： 执着地等待和深深的思念。

紫藤挂云木，花蔓宜阳春。
密叶隐歌鸟，香风留美人。
——唐 · 李白《紫藤树》

zéi xiǎo dòu
贼小豆

豆科豇豆属，又名“狭叶菜豆”“山绿豆”“细茎豇豆”“细叶小豇豆”“豆蔻”。

***Vigna minima* (Roxb.) Ohwi et Ohashi**

Small cowpea

特征： 一年生缠绕草本植物，茎纤细，无毛或被疏毛；羽状复叶，具三小叶；托叶盾状着生，披针形，被疏硬毛；小叶的形状和大小变化颇大，如卵形、圆形、卵状披针形、披针形或线形，先端急尖或钝，基部圆形或宽楔形，两面近无毛或被极稀疏的糙伏毛；总状花序柔弱；花序梗远长于叶柄，常有 3~4 朵花；小苞片线形或线状披针形；花萼钟状，具不等大的五齿，裂齿被硬缘毛；花冠黄色，旗瓣极度外弯，近圆形，龙骨瓣具长而尖的耳；荚果圆柱形，无毛，开裂后旋卷；种子 4~8 粒，长圆形，深灰色，种脐线形，凸起。

花果期为 8~10 月。

用途： 可作饲料。

位置： 校园路边绿化带中，二期工程地区。

花语： 虽然不起眼，可生命力旺盛。

qiān niú

牵牛

旋花科牵牛属，又名“勤娘子”“大牵牛花”“筋角拉子”“喇叭花”“牵牛花”“朝颜”“二牛子”“二丑”。

Ipomoea nil **(Linnaeus) Roth**

Picotee morning glory

特征： 一年生草本植物，长 2~5 米；茎缠绕；叶宽卵形或近圆形，长 4~15 厘米，叶片常三裂，罕见五裂，先端渐尖，基部心形；花序腋生，每个花序开花 1~2 朵；苞片线形或丝状，小苞片线形；萼片披针状线形，内两片较窄，密被展开的刚毛；花冠蓝紫色或紫红色，筒部色淡，无毛；雄蕊及花柱内藏，子房三室；蒴果近球形，种子卵状三棱形，黑褐色或米黄色，被微柔毛。

花期为 4~10 月。

用途： 除供观赏栽植外，种子可入药。

位置： 二期工程地区。

花语： 爱情的永固和名誉。

村巷翳桑麻，萧然野老家。
园丁种冬菜，邻女卖秋茶。
啄木矜奇服，牵牛蔓碧花。
一樽虽草草，笑语且喧哗。
——宋 · 陆游《秋晚村舍杂咏》

dǎ wǎn huā

打碗花

旋花科打碗花属，又名“老母猪草”“旋花苦蔓”“扶子苗”“扶苗”“狗儿秧”“小旋花”“狗耳苗”“狗耳丸”“喇叭花”“钩耳蕨”“面根藤”“走丝牡丹”“扶秧”“扶七秧子”“兔儿苗”“傅斯劳草”“富苗秧”“兔耳草”“盘肠参”“蒲地参”“燕覆子”“小昼颜”“篱打碗花”。

***Calystegia hederacea* Wall.**

Ivy glorybind

特征： 一年生草本植物，全体不被毛，植株通常矮小，常自基部分枝，具细长白色的根；茎细，平卧，有细棱；基部叶片长圆形，顶端圆，基部戟形，上部叶片三裂，中裂片长圆形或长圆状披针形，侧裂片近三角形，全缘或双裂至三裂，叶片基部心形或戟形；花腋生，单朵，花梗长于叶柄，有细棱；苞片宽卵形，顶端钝、渐尖至尖锐；萼片长圆形，顶端钝，具小短尖头，内萼片稍短；花冠淡紫色或淡红色，钟状，冠檐近截形或微裂；蒴果卵球形，宿存萼片与之近乎等长或稍短；种子黑褐色，被小疣。

花期为 7~9 月，果期为 8~10 月。

用途： 根可入药。

位置： 振声苑南楼南侧树下。

花语： 恩赐。

打碗花子开，今搬州县来。
黄郎屋上走，州县住不久。
——元·佚名《太仓谣》

líng xiāo

凌霄

紫葳科凌霄属，又名“上树龙”“五爪龙”“九龙下海”“接骨丹”“过路蜈蚣”“藤五加”“搜骨风”“白狗肠”“堕胎花”“苕华”“紫葳”。

Campsis grandiflora **(Thunb.) Schum.**

Chinese Trumpetcreeper

特征： 攀援藤本植物，奇数羽状复叶，小叶 7~9 片，卵形或卵状披针形，先端尾尖，基部宽楔形，侧脉 6~7 对，两面无毛，有粗齿；叶轴长 4~13 厘米，小叶柄长 0.5~1 厘米，花序长 15~20 厘米；花萼钟状，裂至中部，裂片披针形；花冠内面鲜红色，外面橙黄色，长约 5 厘米，裂片半圆形；雄蕊着生花冠筒，近基部，花丝线形，花药黄色，“个”字形着生；花柱线形，柱头扁平、两裂；蒴果顶端较钝。

花期为 5~8 月。

用途： 可供观赏及入药，花为通经利尿药，可治疗跌打损伤等症。

位置： 校友林。

花语： 敬爱、坚持。

披云似有凌霄志，向日宁无捧日心。
珍重青松好依托，直从平地起千寻。
——宋 · 贾昌朝《咏凌霄花》

wǔ yè dì jǐn
五叶地锦

葡萄科地锦属，又名“美国地锦”“美国爬山虎”。

***Parthenocissus quinquefolia* (L.) Planch.**

Virginia creeper

特征： 木质藤本植物，小枝无毛；嫩芽为红色或淡红色；卷须总状5~9分枝，嫩时顶端尖细而卷曲，遇附着物时扩大为吸盘；五小叶为掌状复叶，小叶倒卵圆形、倒卵状椭圆形或外侧小叶椭圆形，先端短尾尖，基部楔形或宽楔形，有粗锯齿，两面无毛或下面脉上微被疏柔毛；圆锥状多歧聚伞花序，假顶生，序轴明显；花萼碟形，边缘全缘，无毛；花瓣长椭圆形；果实球形，有种子1~4粒。

花期为6~7月，果期为8~10月。

用途： 为优良的城市垂直绿化植物品种。

位置： 篮球场北侧护栏，足球场南侧护栏，校园东墙。

花语： 友情。

桃花净尽杏花空，开落年年约略同。
自是节临三月暮，何须人恨五更风？
扑檐直破帘衣碧，上砌如欺地锦红。
拾向研罗方帕里，鸳鸯一对正当中。
——明·唐寅《落花诗》

luó mó

萝藦

夹竹桃科萝藦属，又名“老鸹瓢”“芄兰”“斫合子”“白环藤”“羊婆奶”“婆婆针落线包”“羊角”“天浆壳”“蔓藤草”“奶合藤”“土古藤”“浆罐头”“奶浆藤”。

***Metaplexis japonica* (Thunb.) Makino**

Japanese metaplexis

特征： 草质藤本植物，长度可达 8 米；幼茎密被短柔毛，老后渐脱落；叶膜质，卵状心形，先端短渐尖，基部心形，两面无毛或幼时被微毛，侧脉 10~12 对；叶柄顶端具簇生腺体；聚伞花序具 13~20 朵花；花序梗被短柔毛；小苞片膜质，披针形，被微毛；花蕾圆锥状，顶端骤尖；花萼裂片披针形，被微毛；花冠白色，有时具淡紫色斑纹，花冠筒短，裂片披针形，内面被柔毛；柱头两裂；蓇葖纺锤形，平滑无毛，顶端急尖，基部膨大；种子扁平，卵圆形，有膜质边缘，褐色，顶端具白色绢质种毛。

花期为 7~8 月，果期为 9~12 月。

用途： 全株可入药；茎皮纤维坚韧，可制人造棉。

位置： 北区东侧的围墙附近。

花语： 纯洁的祈祷，耐人寻味。

芄兰之支，童子佩觿。
虽则佩觿，能不我知。
容兮遂兮，垂带悸兮。
——先秦·佚名《诗经·卫风》

●芳草萋萋●

diǎn dì méi

点地梅

报春花科点地梅属，又名“喉咙草”“佛顶珠”“白花草”“清明花”“天星花”。

Androsace umbellate **(Lour.) Merr.**

Unbellate rockjasmine

特征： 一年生或两年生草本植物，主根不明显，具多数须根；叶全部基生，叶片近圆形或卵圆形，两面均被贴伏的短柔毛；花葶通常数枚，自叶丛中抽出，被白色短柔毛；伞形花序，苞片卵形至披针形，花梗纤细，花萼杯状，密被短柔毛，分裂近达基部，裂片菱状卵圆形，具3~6 纵脉，果期增大，呈星状展开；花冠白色，筒部短于花萼，喉部黄色，裂片倒卵状长圆形；蒴果近球形，果皮白色，近膜质。

花期为 4~5 月，果期为 5~6 月。

用途： 全草可入药。

位置： 校园内随处可见。

花语： 相思，沉默的爱情。

芳草萋萋

ā lā bó pó pó nà

阿拉伯婆婆纳

玄参科婆婆纳属，又名“波斯婆婆纳”“肾子草”。

***Veronica persica* Poir.**

Birdeye speedwell

特征： 铺散、多分枝的草本植物，高 10~50 厘米，茎密生两列多细胞柔毛;叶 2~4 对，具短柄，卵形或圆形，基部浅心形，平截或浑圆，边缘具钝齿，两面疏生柔毛；总状花序很长；苞片互生，与叶同形且几乎等大；花梗比苞片长，有的超过一倍；裂片卵状披针形，有睫毛，三出脉；花冠蓝色、紫色或蓝紫色，裂片卵形至圆形，喉部疏被毛；雄蕊短于花冠；蒴果肾形，被腺毛，成熟后几乎无毛，网脉明显，凹口角度超过 90 度，裂片钝，宿存的花柱超出凹口；种子背面具较深的横纹。

花期为 3~5 月。

用途： 全草可入药，性平，味辛、苦、咸。

位置： 图书馆南侧。

花语： 健康。

jiān liè jiǎ huán yáng shēn

尖裂假还阳参

菊科假还阳参属，又名“抱茎苦荬菜”“抱茎小苦荬”“猴尾草”“鸭子食”“盘尔草”“秋苦荬菜”“苦荬菜”“苦蝶子”“野苦荬菜”“精细小苦荬”“尖裂黄瓜菜”。

Crepidiastrum sonchifolium **(Maximowicz) Pak & Kawano**

Sonchus-leaf crepidiastrum

特征： 多年生草本植物，茎上部分枝；基生叶莲座状，匙形至长椭圆形，基部渐窄成宽翼柄，不裂或大头羽状深裂，上部叶心状披针形，多全缘，基部心形或圆耳状抱茎；头状花序排成伞房或伞房圆锥花序，总苞圆柱形，舌状小花黄色；瘦果黑色，纺锤形，喙细丝状，冠毛白色。

花果期为4~9月。

用途： 全草可入药。

位置： 校园路边草地常见。

花语： 防备之心。

bái máo

白茅

禾本科白茅属，又名“茅草”“茅针”“毛启莲”“红色男爵白茅”。

Imperata cylindrica **(L.) Beauv.**

Cogongrass

特征： 多年生植物，具有粗壮的长根状茎；秆直立，具1~3节，节无毛；叶鞘聚集于秆基，甚长于其节间，质地较厚，老后破碎呈纤维状；叶舌膜质，紧贴其背部或鞘口，具柔毛；圆锥花序稠密；两颖草质及边缘膜质，近乎相等，具5~9脉，顶端渐尖或稍钝，常具纤毛，脉间疏生长丝状毛，第一外稃卵状披针形，透明膜质，无脉，顶端尖或齿裂，第二外稃与其内稃近乎相等，长度约为颖之半，卵圆形，顶端具齿裂及纤毛；雄蕊两枚，花柱细长，基部部分连合，柱头两裂，紫黑色，羽状，自小穗顶端伸出；颖果椭圆形，胚长为颖果之半。

花果期为4~6月，但有部分个体在秋季10月份开花结果。

用途： 白茅可入药，性甘、寒，无毒。

位置： 振声苑北侧，双创中心南侧绿地。

花语： 洁白、柔顺。

白华菅兮，白茅束兮。之子之远，俾我独兮。
英英白云，露彼菅茅。天步艰难，之子不犹。
——先秦 · 佚名《诗经 · 白华》

kàn mài niáng

看麦娘

禾本科看麦娘属，又名“棒棒草”。

***Alopecurus aequalis* Sobol.**

Shortawn foxtail

特征： 一年生植物，秆少数丛生，细瘦，光滑，节处常膝曲，高15~40厘米；叶鞘光滑，短于节间；叶舌膜质，叶片扁平；圆锥花序，呈圆柱状，灰绿色；小穗椭圆形或卵状长圆形，颖膜质，基部互相连合，具三脉，脊上有细纤毛，侧脉下部有短毛；外稃膜质，先端钝，等大或稍长于颖，下部边缘互相连合，芒约于稃体下部1/4处伸出，隐藏或稍外露；花药橙黄色，颖果长约1毫米。

花果期为4~8月。

用途： 全草可入药。看麦娘味淡、性凉，具有利水、消肿、解毒之功效，可用于治疗水肿、水痘、小儿腹泻、消化不良等。

位置： 二期工程地区，博物馆南边运动场草坪。

花语： 牺牲的爱。

běi měi dú xíng cài

北美独行菜

十字花科独行菜属，又名“琴叶独行菜”。

Lepidium virginicum **Linnaeus**

Least pepperwort

特征： 一年或两年生草本植物，高 20~50 厘米；茎单一、直立，上部分枝，具柱状腺毛；基生叶倒披针形，羽状分裂或大头羽裂，裂片大小不等，卵形或长圆形，边缘有锯齿，两面有短伏毛；茎生叶有短柄，倒披针形或线形，顶端急尖，基部渐狭，边缘有尖锯齿或全缘；总状花序顶生，萼片椭圆形；花瓣白色，倒卵形，和萼片等长或稍长；短角果近圆形，扁平，有窄翅，顶端微缺，花柱极短；果梗长 2~3 毫米；种子卵形，长约 1 毫米，光滑，红棕色，边缘有窄翅；子叶缘倚胚根。

花期为 4~5 月，果期为 6~7 月。

用途： 种子可入药，也可作葶苈子用；全草可作饲料。

位置： 博物馆与操场之间的花园。

花语： 勇气。

dì huáng

地黄

玄参科地黄属，又名“怀庆地黄”“生地”。

***Rehmannia glutinosa* (Gaert.) Libosch. ex Fisch. et Mey.**

Adhesive rehmannia

特征： 体高 10~30 厘米，密被灰白色多细胞长柔毛和腺毛；根茎肉质，鲜时黄色，在人工种植的条件下直径可达 5.5 厘米，茎紫红色；叶通常在茎基部集成莲座状，向上则强烈缩小成苞片，或逐渐缩小而在茎上互生；叶片卵形至长椭圆形，上面绿色，下面略带紫色或呈紫红色，边缘具不规则圆齿、钝锯齿以至明显的齿状；总状花序，或几乎全部单生叶腋而分散在茎上；花冠筒弓曲，外面紫红色，被多细胞长柔毛；花冠裂片 5 片，先端钝或微凹，内面黄紫色，外面紫红色，两面均被多细胞长柔毛，雄蕊 4 枚；药室矩圆形，基部叉开而使两药室常排成一直线，子房幼时双室，老时因隔膜撕裂而成一室，无毛；花柱顶部扩大成两枚片状柱头；蒴果卵形至长卵形。

花果期为 4~7 月。

用途： 根茎可入药。地黄性凉，味甘苦。

位置： 图书馆南侧。

花语： 谎言。

地黄饲老马，可使光鉴人。

——宋·苏轼《地黄》

岁晏无口食，田中采地黄。

——唐·白居易《采地黄者》

cāo yè huáng qí

糙叶黄耆

豆科黄芪属，又名“春黄耆”“粗糙紫云英”“糙叶黄芪”“春黄芪”。

Astragalus scaberrimus **Bunge**

Scabrous-leaf milkvetch

特征： 多年生草本植物，密被白色伏贴毛；根状茎短缩，多分枝，木质化；地上茎不明显或极短，有时伸长而匍匐；羽状复叶，有7~15片小叶，叶柄与叶轴等长或稍长；托叶下部与叶柄贴生，上部呈三角形至披针形；小叶椭圆形或近圆形，有时呈披针形，先端尖锐或渐尖，有时稍钝，基部宽楔形或近圆形，两面密被伏贴毛；总状花序，生3~5花，排列紧密或稍稀疏；总花梗极短或长达数厘米，腋生；花梗极短；苞片披针形，较花梗长；花萼管状，被细伏贴毛，萼齿线状披针形，与萼筒等长或稍短；花冠淡黄色或白色，旗瓣倒卵状椭圆形，先端微凹，中部稍缢缩，下部稍狭成不明显的瓣柄，翼瓣较旗瓣短，瓣片长圆形，先端微凹，较瓣柄长，龙骨瓣较翼瓣短，瓣片半长圆形，与瓣柄等长或稍短；子房有短毛；荚果披针状长圆形，微弯，具短喙，背缝线凹入，革质，密被白色伏贴毛，假双室。

花期为4~8月，果期为5~9月。

用途： 牛羊喜食，可作为牧草及保持水土的植物。

位置： 110值班室门口。

花语： 强壮，有益正气。

fù dì cài

附地菜

紫草科附地菜属，又名“地胡椒”“黄瓜香”。

Trigonotis peduncularis **(Trev.) Benth. ex Baker et Moore**

Pedunculate trigonotis

特征： 一年生或两年生草本植物，茎常多条，直立或斜升，下部分枝，密被短糙伏毛；基生叶卵状椭圆形或匙形，先端钝圆，基部渐窄成叶柄，两面被糙伏毛，具柄；茎生叶长圆形或椭圆形，具短柄或无柄；花序顶生，无苞片或花序基部具 2~3 苞片；裂片卵形，先端渐尖或尖；花冠淡蓝或淡紫红色，冠筒极短，裂片倒卵形，展开状，喉部附属物白色或带有黄色；花药卵圆形；小坚果斜三棱锥状四面体形，被毛，罕见无毛的情况，背面三角状卵形，具锐棱，腹面两侧面近等大，基底面稍小，着生面具短柄。

花果期为 4~7 月。

用途： 全草可入药；嫩叶可供食用；花朵美观，可用于点缀花园。

位置： 博物馆与操场之间的花园。

花语： 君若低头，满地繁星。

duō bāo bān zhǒng cǎo

多苞斑种草

紫草科斑种草属，多生于田野之中。

***Bothriospermum secundum* Maxim.**

Manybract bothriospermum

特征： 一年生或两年生草本植物，高 25~40 厘米，具直伸的根；茎单一或数条丛生，由基部分枝，分枝通常细弱，罕见粗壮的情况，展开或向上直伸，被向上展开的硬毛及伏毛；基生叶具柄，倒卵状长圆形，先端钝，基部渐狭为叶柄；茎生叶长圆形或卵状披针形，无柄，两面均被基部具基盘的硬毛及短硬毛；花序生茎顶及腋生枝条顶端，花与苞片依次排列而各偏于一侧；苞片长圆形或卵状披针形，被硬毛及短伏毛；花冠蓝色至淡蓝色，裂片圆形，喉部附属物梯形，先端微凹；花药长圆形，长度与附属物略相等，花丝极短；花柱圆柱形，极短的柱头呈头状；小坚果卵状椭圆形，密生疣状突起，腹面有纵椭圆形的环状凹陷。

花期为 5~7 月。

用途： 极具观赏价值。

位置： 路边草地常见，校友林有成片分布。

花语： 童年的快乐。

huáng huā pó luó mén shēn

黄花婆罗门参

菊科婆罗门参属，又名“婆罗门菊”“西洋牛蒡”“山羊须”。

***Tragopogon orientalis* L.**

Goatsbeard

特征： 两年生草本植物，根圆柱状，垂直直伸，根颈被残存的基生叶柄；茎直立，不分枝或分枝，有纵条纹，无毛；基生叶及下部茎叶线形或线状披针形，灰绿色，先端渐尖，全缘或皱波状，基部宽，半抱茎；中部及上部茎叶披针形或线形；头状花序，单生茎顶，或植株含少数头状花序，生于枝端；总苞圆柱状，总苞片 8~10 层，披针形或线状披针形，先端渐尖，边缘狭膜质，基部棕褐色；舌状小花黄色；瘦果长纺锤形，褐色，稍弯曲，有纵肋，沿肋有疣状突起，上部渐狭成细喙，顶端稍增粗，与冠毛连接处有蛛丝状毛环，冠毛淡黄色。

花果期为 5~9 月。

用途： 全草可入药，味甘、淡，性平。

位置： 路边草地常见。

花语： 等待与期盼。

cì ér cài

刺儿菜

菊科蓟属，又名“小刺儿菜”“野红花”“七七菜”“小蓟”“大蓟”“小刺盖”“蓟蓟芽”“刺刺菜”。

Cirsium arvense* var. *integrifolium

Field thistle

特征：多年生草本植物，茎直立，高 30~120 厘米，上部有分枝，花序分枝无毛或有薄绒毛；基生叶和中部茎叶椭圆形、长椭圆形或椭圆状倒披针形，全部茎叶两面同色、绿色或下面色淡，两面无毛，下面被稀疏或稠密的绒毛而呈现灰色；头状花序单生茎端，或植株含少数或多数头状花序，在茎枝顶端排成伞房花序；总苞卵形、长卵形或卵圆形，总苞片约 6 层，覆瓦状排列，向内层渐长；小花紫红色或白色，细管部细丝状；瘦果淡黄色，椭圆形或偏斜椭圆形，较扁，顶端斜截形；冠毛污白色，多层，整体脱落，冠毛刚毛长羽毛状，顶端渐细。

花果期为 5~9 月。

用途：全草可入药，具有凉血止血、祛瘀消肿之功效，可用于治疗衄血、吐血、尿血、便血、崩漏下血、外伤出血、痈肿疮毒等。

位置：振声苑天井树下，校园内路边绿化带。

花语：严格。

huā yè diān kǔ cài

花叶滇苦菜

菊科苦苣菜属，又名“续断菊”。

***Sonchus asper* (L.) Hill.**

Prickly sow-thistle

特征： 一年生草本植物，根倒圆锥状，褐色，垂直直伸；茎单生或少数茎成簇生，全部茎枝光滑无毛，或上部及花梗被头状具柄的腺毛；基生叶与茎生叶同型，但较小；中下部茎叶长椭圆形、倒卵形、匙状或匙状椭圆形，包括渐狭的翼柄，长 7~13 厘米，顶端渐尖、急尖或钝，基部渐狭成短或较长的翼柄，柄基耳状抱茎或基部无柄，耳状抱茎；上部茎叶披针形，不裂，基部扩大，圆耳状抱茎，或下部叶及全部茎叶羽状浅裂、半裂或深裂，侧裂片 4~5 对，呈椭圆形、三角形、宽镰刀形或半圆形；全部叶及裂片与抱茎的圆耳边缘有尖齿刺，两面光滑无毛；头状花序在茎枝顶端排成稠密的伞房花序；总苞宽钟状，总苞片 3~4 层，向内层渐长，覆瓦状排列，绿色，草质，外层长披针形或长三角形，中内层长椭圆状披针形至宽线形；全部苞片顶端急尖，外面光滑无毛；舌状小花黄色；瘦果倒披针状，褐色，较扁，两面各有 3 条细纵肋，肋间无横皱纹；冠毛白色，柔软。

花果期为 5~10 月。

用途： 全草可入药。

位置： 淦昌苑工科教研科学综合楼旁边，校内路边草坪里。

花语： 纯洁和友善。

bái chē zhóu cǎo

白车轴草

豆科车轴草属，又名“荷兰翘摇”“白三叶”“三叶草”“白花苜蓿”“金花草”“菽草翘”。

Trifolium repens **L.**

Dutch clover

特征： 短期多年生草本植物，生长期达 5 年，高 10~30 厘米；主根短，侧根和须根发达，茎匍匐蔓生，上部稍上升，节上生根，全株无毛；掌状三出复叶，托叶卵状披针形，膜质，叶柄较长；花序球形，顶生，总花梗甚长，比叶柄长近一倍，花朵密集，无总苞；苞片披针形，膜质，锥尖；花梗比花萼稍长或等长，开花立即下垂；花冠白色、乳黄色或淡红色，具香气；子房线状长圆形，花柱比子房略长，胚珠 3~4 粒；荚果长圆形，种子阔卵形，通常为 3 粒。

花果期为 5~10 月。

用途： 富含多种营养物质和矿物质元素，具有很高的饲用、绿化、遗传育种和药用价值，可作为绿肥、堤岸防护、草坪装饰草种，以及蜜源和药材等草种。

位置： 图书馆西侧，博学路。

花语： 祈求、希望、爱情、幸福。

huáng huā yuè jiàn cǎo

黄花月见草

柳叶菜科月见草属，又名“月见草”“红萼月见草”。

Oenothera glazioviana **Mich.**

Large-flowered evening-primrose

特征： 两年生至多年生直立草本植物，茎常密被曲柔毛与疏生伸展长毛，茎枝上部常密混生短腺毛；基生叶倒披针形，先端尖锐或稍钝，基部渐窄并下延为翅，边缘有浅波状齿，侧脉 5~8 对，两面被曲柔毛与长毛；茎生叶窄椭圆形或披针形，先端尖锐或稍钝，基部楔形，边缘疏生齿突，侧脉 8~12 对；穗状花序，生于茎枝顶，密被曲柔毛、长毛与短腺毛；苞片卵形或披针形，无柄；萼片窄披针形，反折，毛被较密；花瓣黄色，宽倒卵形，先端钝圆或微凹；柱头出花药；蒴果锥状圆柱形，具纵棱与红色的槽，被曲柔毛与腺毛；种子棱形，褐色，具棱角和不整齐洼点。

花期为 5~10 月，果期为 8~12 月。

用途： 花大而美丽，花期长，可供观赏用；种子可榨油、食用与药用。

位置： 路边草地常见。

花语： 默默的爱，不羁的心。

hǔ wěi cǎo

虎尾草

禾本科虎尾草属，又名“狼茅”“狗尾巴草”“狗仔尾”“老鼠狼”“芮草”。

***Chloris virgata* Sw.**

Feather fingergrass

特征：一年生草本植物，秆无毛，直立或基部膝曲；叶鞘松散包秆，无毛，叶舌无毛或具纤毛；叶线形，两面无毛或边缘及上面粗糙；秆顶有穗状花序5~10余枚，小穗成熟后呈紫色，无柄;颖膜质，单脉;第一小花两性，倒卵状披针形，外稃纸质，沿脉及边缘疏生柔毛或无毛，先端尖或两微裂，芒自顶端稍下方伸出；内稃膜质，稍短于外稃，脊被微毛；第二小花不孕，长楔形，先端平截或微凹，自背上部一侧伸出；颖果淡黄色，纺锤形，无毛而半透明。

花果期为6~10月。

用途：可作饲料，亦可入药。

位置：路边草地常见。

花语：持续、真切的爱情。

gǒu wěi cǎo

狗尾草

禾本科狗尾草属，又名“谷莠子”“莠”“狗尾巴草”。

Setaria viridis **(L.) Beauv.**

Green foxtail

特征： 一年生草本植物，根为须状，高大的植株具有支持根；秆直立或基部膝曲，高 10~100 厘米；叶鞘松弛，无毛、疏具柔毛或疣毛，边缘具较长的绵密毛状纤毛；叶舌极短，缘有纤毛；叶片扁平，长三角状狭披针形或线状披针形，先端长，渐尖，基部钝圆形，通常无毛或疏被疣毛，边缘粗糙；圆锥花序紧密，呈圆柱状或基部稍疏离，直立或稍弯垂，主轴被较长柔毛，刚毛粗糙或微粗糙，直或稍扭曲，通常绿色或褐黄色，亦有紫红色或紫色；小穗 2~5 个，簇生于主轴上，更多的小穗着生在短小枝上，椭圆形，先端钝，铅绿色；花柱基分离，颖果灰白色。

花果期为 5~10 月。

用途： 秆、叶可作饲料，也可入药；全草加水煮沸 20 分钟后，滤出液喷洒可用于杀灭菜虫；小穗可提炼糠醛。

位置： 路边草地常见。

花语： 坚忍、艰难的爱，暗恋。

jīn sè gǒu wěi cǎo

金色狗尾草

禾本科狗尾草属，又名"恍莠莠""硬稃狗尾草"。

Setaria pumila **(Poiret) Roemer & Schultes**

Yellow foxtail

特征： 一年生草本植物，单生或丛生；秆直立或基部倾斜膝曲，近地面节可生根，光滑无毛，仅花序下面稍粗糙；叶鞘下部扁压具脊，上部圆形，光滑无毛，边缘薄膜质，光滑无纤毛；叶片线状披针形或狭披针形，先端长渐尖，基部钝圆，上面粗糙，下面光滑，近基部疏生长柔毛；圆锥花序紧密，呈圆柱状或狭圆锥状，直立，主轴具短细柔毛，刚毛金黄色或稍带褐色，粗糙，先端尖，通常在一簇中仅具一个发育的小穗，第一颖宽卵形或卵形，先端尖，具 3 脉;第二颖宽卵形，先端稍钝，具 5~7 脉；第一小花雄性或中性，第一外稃与小穗等长或微短，具 5 脉，其内稃膜质，等长且等宽于第二小花，具 2 脉，通常含 3 枚雄蕊或无雄蕊；第二小花两性，外稃革质，等长于第一外稃，先端尖；成熟时背部极隆起，具明显的横皱纹；鳞被楔形，花柱基部联合；叶上表皮脉间均为无波纹或微波纹的、有角棱的薄壁长细胞，下表皮脉间均为有波纹的、壁较厚的长细胞，并有短细胞。

花果期为 6~10 月。

用途： 为田间杂草，秆、叶可作牲畜饲料或牧草。

位置： 路边草地常见。

花语： 坚忍。

雨过横塘水满堤，乱山高下路东西。
一番桃李花开尽，惟有青青草色齐。
——宋·曾巩《城南》

jīn wá wá xuān cǎo

金娃娃萱草

阿福花科萱草属，又名“黄百合”。

***Hemerocallis* 'Golden Doll'**

Golden Doll Daylily

特征： 人工培育的园艺品种，地下具根状茎和肉质肥大的纺锤状块根；叶基生，条形，排成两列；花葶由叶丛抽出，上部分枝呈圆花序，数朵花生于顶端，花大，黄色，先端六裂钟状，下部管状；蒴果钝三角形，熟时开裂；种子黑色，有光泽。

花期为 6~7 月。

用途： 花期长达半年之久，且早春叶片萌发早，叶丛翠绿，甚为美观；加之既耐热又抗寒，适应性强，栽植管理简单，故适宜在城市公园、广场等绿地丛植中点缀栽植。

位置： 校友林、格物路等处的草地。

花语： 爱的忘却，隐藏起来的心情，放下忧愁，忘记不愉快。

伯兮朅兮，邦之桀兮。伯也执殳，为王前驱。
自伯之东，首如飞蓬。岂无膏沐？谁适为容！
其雨其雨，杲杲出日。愿言思伯，甘心首疾。
焉得谖草？言树之背。愿言思伯，使我心痗。
——先秦·佚名《伯兮》

fèi cài

费菜

景天科费菜属，又名“土三七”“三七景天”“景天三七”“养心草”。

***Phedimus aizoon* (Linnaeus) 't Hart**

Phedimus aizoon

特征： 多年生草本植物，根状茎短，有1~3条茎，直立，无毛，不分枝；叶互生，狭披针形、椭圆状披针形至卵状倒披针形，先端渐尖，基部楔形，边缘有不整齐的锯齿；叶坚实，近革质；聚伞花序，有多花，水平分枝，平展，下托以苞叶；萼片5片，线形，肉质，不等长，先端钝；花瓣5片，黄色，长圆形至椭圆状披针形，有短尖；雄蕊10枚，较花瓣短；鳞片5片，近正方形；心皮5片，卵状长圆形，基部合生，腹面凸出，花柱长钻形；蓇葖星芒状排列，种子椭圆形。

花期为6~7月，果期为8~9月。

用途： 根或全草可入药。

位置： 华岗苑东侧、西侧及南侧的草地。

花语： 不失风度。

jiǎ lóng tóu huā
假龙头花

唇形科假龙头花属，又名“假龙头草”“随意草”。

Physostegia virginiana **Benth.**

Obedience or False dragonhead

特征： 多年生草本植物，株高约 100 厘米，茎直立，丛生，四棱形；地下具匍匐状根茎；叶亮绿色，披针形，长度可达 12 厘米；先端渐尖，缘有锐齿；穗状花序顶生，长度可达 30 厘米，小花花冠唇形，花筒长 2.5 厘米，花色粉红或淡紫红。

花期为 7~9 月。

用途： 假龙头花十分宜人，在园林绿化中主要用作地被植物，进行片植，也可布置花坛和花境，或在路边、疏林、草坪或坡地丛植、片植，也是重要的切花材料。

位置： 东门南侧草坪。

花语： 步步高升。

sù gēn tiān rén jú

宿根天人菊

菊科天人菊属，又名“车轮菊”“大天人菊”。

Gaillardia aristata **Pursh.**

Common blanketflower

特征： 多年生草本植物，高 60~100 厘米，全株被粗节毛，茎不分枝或稍有分枝；基生叶和下部茎叶长椭圆形或匙形，长 3~6 厘米，宽 1~2 厘米，全缘或羽状缺裂，两面被尖状柔毛，叶有长叶柄；中部茎叶披针形、长椭圆形或匙形，长 4~8 厘米，基部无柄或心形抱茎；头状花序直径 5~7 厘米；总苞片披针形，长约 1 厘米，外面有腺点及密柔毛；舌状花黄色，管状花外面有腺点，裂片长三角形，顶端芒状渐尖，被节毛；瘦果长 2 毫米，被毛，冠毛长 2 毫米。

花果期为 7~8 月。

用途： 用作园林绿化和盆栽植物。

位置： 振声苑南楼南侧。

花语： 团结，同心协力。

秋丛绕舍似陶家，遍绕篱边日渐斜。
不是花中偏爱菊，此花开尽更无花。
——唐 · 元稹《菊花》

dà bīn jú

大滨菊

菊科滨菊属，原产欧洲，我国引种栽培。

***Leucanthemum maximum* (Ramood) DC.**

Shasta daisy

特征： 两年生或多年生草本植物，植株高大，叶边缘具细尖锯齿，头状花序大，直径达 7 厘米;全株光滑无毛，茎直立，被长毛，叶片互生，长倒披针形，先端钝圆，基部渐狭，头状花序，单生枝端；舌状花白色，舌片宽，先端钝圆；总苞片宽长圆形，先端钝，边缘膜质，中央部分呈褐色或绿色；瘦果，无冠毛。

花果期为 7~9 月。

用途： 大滨菊花朵洁白素雅，株丛紧凑，适宜作为花境前景或中景栽植，或在林缘或坡地片植，庭园或岩石园点缀栽植，亦可作为盆栽观赏或作鲜切花使用，是城镇绿化、美化环境的重要植物。

位置： 淦昌苑 E 座北侧。

花语： 真诚、友谊、友爱。

hé lán jú
荷兰菊

菊科紫菀属，又名“荷兰紫菀”。

Symphyotrichum novi-belgii **(L.) G.L.Nesom**

New york aster

特征： 多年生草本植物，高 30~80 厘米，有地下走茎；茎直立，多分枝，被稀疏短柔毛;叶长圆形至条状披针形，先端渐尖，基部渐狭，全缘或有浅锯齿；上部叶无柄，基部微抱茎；花序下部叶较小，头状花序顶生，总苞钟形，舌状花呈蓝紫色、紫红色等，管状花呈黄色；瘦果长圆形。

花果期为 8~10 月。

用途： 荷兰菊习性强健，花色雅致，适合布置花坛、花境，或在路边栽植观赏，也可盆栽。

位置： N8 楼东南边去凤凰居学生宿舍路西。

花语： 活泼。

荠

jì

十字花科荠属，又名“地米菜”“芥”“荠菜”。

***Capsella bursa-pastoris* (L.) Medic.**

Shepherd’s purse

特征： 一年或两年生草本植物，基生叶丛生呈莲座状，大头羽状分裂，顶裂片卵形至长圆形，侧裂片长圆形至卵形；茎生叶窄披针形或披针形，基部箭形，抱茎，边缘有缺刻或锯齿；总状花序顶生及腋生，萼片长圆形，花瓣白色，卵形，有短爪；短角果倒三角形或倒心状三角形，扁平，顶端微凹；种子两行，长椭圆形，浅褐色。

花果期为 4~6 月。

用途： 全草可入药，茎叶可作为蔬菜食用，种子可榨油。

位置： 校友林。

花语： 为你奉献我的全部。

免骑朝马趁南衙，五见空村换岁华。
旋遣厨人挑荠菜，虚劳座客颂椒花。
不施郁垒钧编户，虽饮屠苏殿一家。
二十宦游今七十，于身何损复何加。
——宋·刘克庄《丙辰元日》

wěi líng cài

委陵菜

蔷薇科委陵菜属，又名“朝天委陵菜”“萎陵菜”“天青地白”“五虎噙血”“扑地虎”“生血丹”“一白草”“二歧委陵菜”。

***Potentilla chinensis* Ser.**

Chinese cinquefoil herb

特征：多年生草本植物，根粗壮，圆柱形，稍木质化；花茎直立或上升，高20~70厘米，被稀疏短柔毛及白色绢状长柔毛；基生叶为羽状复叶，叶柄被短柔毛及绢状长柔毛；小叶片对生或互生，上部小叶较长，向下逐渐减小，无柄，长圆形、倒卵形或长圆披针形；伞房状聚伞花序，花梗基部有披针形苞片，外面密被短柔毛；萼片三角卵形，顶端急尖，副萼片带形或披针形，顶端尖，比萼片短约一倍且狭窄，外面被短柔毛及少数绢状柔毛；花瓣黄色，宽倒卵形，顶端微凹，比萼片稍长；花柱近顶生，基部微扩大，稍有乳头或不明显，柱头扩大；瘦果卵球形，深褐色，有明显皱纹。

花果期为4~10月。

用途：委陵菜根含鞣质，可提制栲胶；全草可入药；嫩苗可食用，并可作猪饲料。

位置：振声苑周围。

花语：光亮、光明，心之向往。

shé méi

蛇莓

蔷薇科蛇莓属，又名“三爪风”“龙吐珠”“蛇泡草”“东方草莓”。

Duchesnea indica **(Andr.) Focke**

Mock strawberry

特征： 多年生草本植物，根茎短，粗壮；匍匐茎多，有柔毛；小叶片倒卵形至菱状长圆形，先端圆钝，边缘有钝锯齿，两面皆有柔毛或上面无毛，具小叶柄；托叶窄卵形至宽披针形；花单生于叶腋，花梗有柔毛；萼片卵形，先端尖锐，外面有散生柔毛；副萼片倒卵形，先端常具3~5锯齿；花瓣倒卵形，黄色，先端圆钝；雄蕊20~30枚；心皮多数，离生；花托在果期膨大，海绵质，鲜红色，有光泽，外面有长柔毛；瘦果卵形，光滑或具不明显突起，鲜时有光泽。

花期为6~8月，果期为8~10月。

用途： 全草可入药；全草水浸液可防治农业害虫、杀灭蚊蝇幼虫等。

位置： 会文南楼南。

花语： 排除万难，坚韧不拔。

青山陇麦与人齐，莓子花开谢豹啼。
牛背牧儿心最乐，缓吹桐角过前溪。
——宋 · 释文珦《即景》

lǎo yā bàn

老鸦瓣

百合科老鸦瓣属，又名“山慈菇”“光慈姑”。

***Amana edulis* (Miq.) Honda**

Tulipa edulis

特征：具鳞茎的多年生草本植物，鳞茎皮纸质，内面密被长柔毛；茎通常不分枝，无毛；叶成双，长条形，远比花长，上面无毛；花单朵顶生，靠近花的基部具两枚对生（较少三枚轮生）的苞片，苞片狭条形；花被片狭椭圆状披针形，白色，背面有紫红色纵条纹；雄蕊6枚（三长三短），花丝无毛，中部稍扩大，向两端逐渐变窄或从基部向上逐渐变窄；子房长椭圆形；蒴果近球形，有长喙。

花期为3~4月，果期为4~5月。

用途：鳞茎可入药，又可提取淀粉。

位置：路边草地常见。

花语：不被外界环境打扰，平易近人。

lǜ cǎo

葎草

大麻科葎草属，又名“锯锯藤”“拉拉藤”“葛勒子秧”“勒草”“拉拉秧”“割人藤”“拉狗蛋”。

***Humulus scandens* (Lour.) Merr.**

Japanese hop

特征： 缠绕草本植物，茎、枝、叶柄均具倒钩刺;叶纸质，肾状五角形，掌状5~7深裂，罕见3裂的情况，基部心形，表面粗糙，疏生糙伏毛，背面有柔毛和黄色腺体，裂片卵状三角形，边缘具锯齿;雄花小，黄绿色，圆锥花序；雌花序球果状，苞片纸质，三角形，顶端渐尖，具白色绒毛；子房被苞片包围，柱头成双，伸出苞片外；瘦果成熟时露出苞片外。

花期春夏，果期秋季。

用途： 全草可入药，茎皮纤维可作为造纸原料，种子油可制肥皂，果穗可代啤酒花用于酿酒。

位置： 二期工程地区。

花语： 平凡而有耐心。

mǎ lìn
马蔺

鸢尾科鸢尾属，又名“马莲”“马帚”“箭秆风”“兰花草”“紫蓝草”“蠡实”“马兰花”“马兰”“白花马蔺”。

Iris lactea **Pall.**

Chinese iris

特征： 多年生密丛草本植物，根状茎粗壮，包有红紫色老叶残留纤维，斜伸；叶基生，灰绿色，质坚韧，线形，无明显中脉；苞片3~5片，草质，绿色，边缘膜质，白色，包2~4朵花；花蓝紫色或乳白色；花被筒短，外花被裂片呈倒披针形，内花被裂片呈窄倒披针形，花药黄色，子房纺锤形；蒴果长椭圆状柱形，有短喙，有6肋；种子多面体形，棕褐色，有光泽。

花期为5~6月，果期为6~9月。

用途： 马蔺习性耐盐碱、耐践踏，根系发达，可用于水土保持和改良盐碱土；叶在冬季可作牛、羊、骆驼的饲料，并可供造纸及编织用；根的木质部坚韧而细长，可制刷子；花和种子可入药，种子中含有马蔺子甲素。

位置： 振声苑天井。

花语： 宿世的情人，爱的使者。

薿薿叶如许，丰草名可当。花开类兰蕙，嗅之却无香。
不为人所贵，独取其根长。为帚或为拂，用之材亦良。
根长既入土，多种河岸旁。岸崩始不善，兰蕙亦寻常。
——明 · 吴宽《马蔺草》

měi lì yuè jiàn cǎo

美丽月见草

柳叶菜科月见草属，又名“粉晚樱草”“粉花月见草”。

Oenothera speciosa

Pinkladies

特征：多年生草本植物，根圆柱状，茎直立，有分枝；幼苗期呈莲座状，基部有红色长毛；叶互生，茎下部的叶直且有柄，上部的叶近乎无柄；叶片长圆状，披针形，边缘有疏细锯齿，两面被白色柔毛；花单生于枝端叶腋，排成疏穗状，萼管细长，先端四裂，裂片反折；花瓣 4 片，黄色，雄蕊 8 枚，4 枚与花瓣对生，雌蕊 1 枚，柱头分裂；蒴果圆筒形，先端尖，外端尖，外被白色长毛，成熟后自然开裂；种子小，棕褐色，呈不规则三棱状。

花期为 4~11 月，果期为 9~12 月。

用途：花大而美丽，常成片开放，极为壮观，为极优的观花草本植物；根可入药。

位置：淦昌苑 A 座东侧，K2 楼附近。

花语：默默地爱和不羁的心。

ní hú cài

泥胡菜

菊科泥胡菜属，又名“艾草”“猪兜菜”。

Hemisteptia lyrata **(Bunge) Fischer & C. A. Meyer**

Lyrate hemistepta

特征： 一年生草本植物，高 30~100 厘米；茎单生，很少簇生，通常纤细，被稀疏蛛丝毛；基生叶长椭圆形或倒披针形，花期通常枯萎；全部茎叶质地薄，两面异色，上面绿色，无毛，下面灰白色，被厚绒毛或薄绒毛，基生叶及下部茎叶有长叶柄，上部茎叶的叶柄渐短，最上部茎叶无柄；头状花序，在茎枝顶端可排成疏松的伞房花序；总苞宽钟状或半球形，总苞片多层，覆瓦状排列，最外层长三角形，外层及中层椭圆形或卵状椭圆形，最内层线状长椭圆形或长椭圆形，全部苞片质地薄，草质；小花紫色或红色，花冠裂片线形；瘦果小，楔状或偏斜楔形，长 2.2 毫米，深褐色，顶端斜截形，有膜质果缘；冠毛异型，白色，两层，外层冠毛刚毛呈羽毛状，基部连成环，整体脱落；内层冠毛刚毛极短，呈鳞片状，着生一侧，宿存。

花果期为 3~8 月。

用途： 全草可入药。

位置： 淦昌苑与第周苑周围分布较多。

花语： 谨慎、严谨、稳重。

pú gōng yīng
蒲公英

菊科蒲公英属，又名“黄花地丁”“婆婆丁”“蒙古蒲公英”“灯笼草”“姑姑英”“地丁”。

Taraxacum mongolicum **Hand.-Mazz.**

Dandelion

特征： 多年生草本植物，叶倒卵状披针形、倒披针形或长圆状披针形，边缘有时具波状齿或羽状深裂，有时倒向羽状深裂或大头羽状深裂，顶端裂片较大，呈三角形或三角状戟形，全缘或具齿，每侧有裂片3~5片，裂片呈三角形或三角状披针形，通常具齿，平展或倒向，裂片间常生小齿，基部渐窄成叶柄，叶柄及主脉常带红紫色，疏被蛛丝状白色柔毛或几乎无毛；花葶一至数个，上部紫红色，总苞钟状，淡绿色，总苞片2~3层，外层卵状披针形或披针形，边缘宽膜质，基部淡绿色，上部紫红色，先端背面增厚或具角状突起；内层线状披针形，先端紫红色，背面具小角状突起；瘦果倒卵状披针形，暗褐色，上部具小刺，下部具成行小瘤，顶端渐收缩成长约1毫米的圆锥形或圆柱形喙基，纤细。

花期为4~9月，果期为5~10月。

用途： 全草可入药。

位置： 振声苑东侧。

花语： 无法停留的爱。

冷落荒坡艳若霞，无花名分胜名花。凡夫脚下庸杂贱，智士盘中色味佳。
飘似舞，絮如纱，秋来志趣向天涯。献身喜作医人药，不测芳名遍万家。
——左河水《思佳客·蒲公英》

wū gēn cǎo

屋根草

菊科还阳参属，又名“还阳参”。

Crepis tectorum **L.**

Narrowleaf hawksbeard

特征： 一年生或两年生草本植物，根长，呈倒圆锥状，生有较多的须根；茎直立，极少自上部少分枝，全部茎枝被白色的蛛丝状短柔毛，上部粗糙，被稀疏的头状具柄的短腺毛或被淡白色的小刺毛；基生叶及下部茎叶为披针状线形、披针形或倒披针形；头状花序，在茎枝顶端排成伞房花序或伞房圆锥花序；总苞钟状，总苞片 3~4 层，全部总苞片外面被稀疏的蛛丝状毛及头状具柄的长或短腺毛；舌状小花黄色，花冠管外面被白色短柔毛；瘦果纺锤形，向顶端渐狭，顶端无喙，有 10 条等粗的纵肋，沿肋有指向上方的小刺毛，冠毛白色。

花果期为 7~10 月。

用途： 全草可入药。

位置： 绿化带中有零星分布，为新入侵物种。

花语： 防备之心。

qīng xiāng

青 葙

苋科青葙属，又名“野鸡冠花”“鸡冠花”“指天笔”“百日红”“狗尾草”。

***Celosia argentea* L.**

Feather cockscomb

特征： 一年生草本植物，高度可达1米，全株无毛；叶长圆状披针形、披针形或披针状条形，绿色，常带红色，先端尖或渐尖，具小芒尖，基部渐窄；叶柄短或无叶柄；塔状或圆柱状穗状花序，不分枝；苞片及小苞片披针形，白色，先端渐尖成细芒，具中脉；花被片长圆状披针形，开花之初为白色，顶端带红色，或全部粉红色，后变为白色；花药紫色，花柱紫色；胞果卵形，包在宿存花被片内；种子呈肾形，扁平，双凸。

花期为5~8月，果期为6~10月。

用途： 种子可入药；花序宿存，经久不凋，可供观赏；种子炒熟后可加工成食品；嫩茎叶浸去苦味后可作为野菜食用；全植株可作饲料。

位置： 二期工程地区草地。

花语： 真挚的爱情、独立、勤奋。

què mài

雀麦

禾本科雀麦属，又名“爵麦”“燕麦”“杜姥草”“牡姓草”“牛星草”“野麦”“山大麦”“瞌睡草”“野小麦”“野大麦”。

Bromus japonicus **Thunb. ex Murr.**

Japanese brome

特征： 一年生草本植物，秆直立，高 40~90 厘米；叶鞘闭合，被柔毛，叶舌先端近圆形，叶片两面生柔毛；圆锥花序疏展，具 2~8 分枝，向下弯垂；分枝细，上部着生 1~4 枚小穗，小穗黄绿色，密生 7~11 朵小花；颖近等长，脊粗糙，边缘膜质；外稃椭圆形，草质，边缘膜质，具 9 脉，微粗糙，顶端钝三角形，芒自先端下部伸出，基部稍扁平，成熟后外弯；内稃两脊疏生细纤毛；小穗轴呈短棒状，颖果。

花果期为 5~7 月。

用途： 全草可入药，性味甘、平，无毒。

位置： 校友林、田径场南侧等处的草地。

花语： 自然之美。

shā yǐn cǎo

砂引草

紫草科紫丹属，具有一定的耐旱性。

***Tournefortia sibirica* Linnaeus**

Sand Cyperus

特征： 多年生草本植物，高 10~30 厘米，有细长的根状茎，茎单一或数条丛生，直立或斜升，通常分枝，密生糙伏毛或白色长柔毛；叶披针形、倒披针形或长圆形，先端渐尖或钝，基部楔形或圆，密生糙伏毛或长柔毛，中脉明显，上面凹陷，下面突起；花序顶生，萼片披针形，密生向上的糙伏毛；花冠黄白色，钟状，裂片卵形或长圆形，外弯；花药长圆形，先端具短尖，花丝极短，着生花筒中部；子房无毛，略现四裂，花柱细，柱头浅两裂，下部环状膨大；核果椭圆形或卵球形，粗糙，密生伏毛，先端凹陷，核具纵肋，成熟时分裂为两个各含两粒种子的分核。

花期为 5 月，果期为 7 月。

用途： 干枯后可为骆驼采食，绵羊和山羊均采食青鲜的砂引草。

位置： 路边草地，二期工程地区。

花语： 浓情厚谊。

shǎo huā mǐ kǒu dai

少花米口袋

豆科米口袋属，又名“米口袋”“洱源米口袋”“地丁多花米口袋”“紫花地丁”“米布袋”“长柄米口袋”“川滇米口袋”“光滑米口袋”“甘肃米口袋”“细瘦米口袋”“狭叶米口袋”“小米口袋”“白花川滇米口袋”。

***Gueldenstaedtia verna* (Georgi) Boriss.**

Few-flower gueldenstaedtia

特征： 多年生草本植物，主根直下，分茎具宿存托叶，托叶呈三角形，基部合生；叶柄具沟，被白色疏柔毛；伞形花序，有花 2~4 朵，总花梗约与叶等长；苞片长三角形，小苞片线形，长度约为萼筒的一半；花萼钟状，被白色疏柔毛；萼齿披针形，上两个萼齿约与萼筒等长，下三个萼齿较短小，最下一个萼齿最小；花冠红紫色，旗瓣卵形，先端微缺，基部渐狭成瓣柄，翼瓣瓣片倒卵形，具斜截头，具短耳，龙骨瓣瓣片呈倒卵形；子房椭圆状，密被疏柔毛，花柱无毛，内卷；荚果长圆筒状，被长柔毛，成熟时毛稀疏，开裂；种子圆肾形，具有不深的凹点。

花期为 5 月，果期为 6~7 月。

用途： 全草可入药。

位置： 路边草地常见，如会文北楼与会文南楼之间的草地。

花语： 不负春日好时光。

tiān lán mù xu

天蓝苜蓿

豆科苜蓿属，又名“天蓝”“杂花苜蓿”“接筋草”。

***Medicago lupulina* L.**

Black medic

特征： 一年生、两年生或多年生草本植物，高 15~60 厘米，全株被柔毛或有腺毛；主根浅，须根发达；茎平卧或上升，多分枝，叶茂盛；羽状三出复叶，托叶卵状披针形，常见齿裂；下部叶柄较长，上部叶柄比小叶短；小叶倒卵形、阔倒卵形或倒心形，纸质，边缘在上半部具不明显尖齿，两面均被毛，侧脉近 10 对，平行达叶边，上下均平坦；花序小头状，具花 10~20 朵；总花梗细，挺直，比叶长，密被贴伏柔毛；苞片刺毛状，甚小；花冠黄色，旗瓣近圆形，顶端微凹，翼瓣和龙骨瓣近等长，均比旗瓣短；子房阔卵形，被毛，花柱弯曲，胚珠单粒；荚果肾形，表面具同心弧形脉纹，被稀疏毛，熟时变黑；含有单粒种子，种子卵形，褐色，外观平滑。

花期为 7~9 月，果期为 8~10 月。

用途： 天蓝苜蓿草质优良，富含粗蛋白质和动物必需的氨基酸，常作为动物饲料。

位置： 路边草地常见，如振声苑东侧及会文广场附近的草地。

花语： 希望和幸福。

苜蓿来西域，蒲萄亦既随。胡人初未惜，汉使始能持。
宛马当求日，离宫旧种时。黄花今自发，撩乱牧牛陂。
——宋 · 梅尧臣《咏苜蓿》

shèn yè dǎ wǎn huā

肾叶打碗花

旋花科打碗花属，又名“滨旋花”“扶子苗”。

***Calystegia soldanella* (L.) R. Br.**

Sea bindweed

特征： 多年生草本植物，全株近乎无毛，具有细长的根；茎细长，平卧，有细棱，有时具狭翅；叶肾形，质厚，顶端圆或凹陷，具小而短的尖头，全缘或浅波状；叶柄长于叶片，或从沙土中伸出很长；花腋生，单朵，花梗长于叶柄，有细棱；苞片宽卵形，比萼片短，顶端圆或微凹，具小短尖；萼片近于等长，外萼片长圆形，内萼片卵形，具小尖头；花冠淡红色，钟状，冠檐微裂；雄蕊花丝基部扩大，无毛；子房无毛，柱头两裂，扁平；蒴果卵球形，种子黑色，表面无毛，亦无小疣。

花期为5~6月，果期为6~8月。

用途： 家畜的良好饲料。

位置： 路边草地常见。

花语： 恩赐。

shí zhú
石竹

石竹科石竹属，又名“长萼石竹”“丝叶石竹”“蒙古石竹”“北石竹”“山竹子”“大菊”“瞿麦”“蘧麦”“三脉石竹”“林生石竹”“长苞石竹”“辽东石竹”“高山石竹”“钻叶石竹”“兴安石竹”“洛阳花”“中国石竹”。

Dianthus chinensis **L.**

Rainbow pink

特征： 多年生草本植物，高 30~50 厘米，全株无毛，带粉绿色；茎由根颈生出，疏丛生，直立，上部分枝；叶片线状披针形，顶端渐尖，基部稍狭，全缘或有细小齿，中脉较显；花单生枝端，或数朵花集成聚伞花序；苞片 4 片，卵形，顶端长，渐尖，边缘膜质，有缘毛；花萼圆筒形，有纵条纹，萼齿披针形，直伸，顶端尖，有缘毛；花瓣的瓣片呈倒卵状三角形，颜色为紫红色、粉红色、鲜红色或白色，顶缘具不整齐齿裂，喉部有斑纹，疏生髯毛；雄蕊露出喉部外，花药蓝色；子房长圆形，花柱线形；蒴果圆筒形，包于宿存萼内，顶端四裂；种子黑色，扁圆形。

花期为 5~6 月，果期为 7~9 月。

用途： 观赏花卉；根和全草可入药。

位置： 振声苑北侧及田径场北侧成片分布。

花语： 纯洁的爱、才能、勇气。

春归幽谷始成丛，地面芬敷浅浅红。
车马不临谁见赏，可怜亦解度春风。
——宋 · 王安石《石竹花 · 其二》

tōng quán cǎo

通泉草

通泉草科通泉草属，又名“脓泡药”“汤湿草”“猪胡椒”“野田菜”“鹅肠草” “绿蓝花” “五瓣梅”。

***Mazus pumilus* (N. L. Burman) Steenis**

Japanese mazus

特征： 一年生草本植物，无毛或疏生短柔毛；主根伸长，垂直向下或短缩，须根纤细，数量较多，散生或簇生；茎1~5支，有时更多，直立，上升或倾卧状上升，着地部分节上常能长出不定根，分枝多而披散；基生叶少到多数，膜质显薄纸质，顶端全缘或有不明显的疏齿，基部楔形，下延成带翅的叶柄，边缘具不规则的粗齿，或基部有1~2片浅羽裂；茎生叶对生或互生，少数，与基生叶相似或几乎等大；总状花序生于茎、枝顶端，常在近基部即生花，伸长或上部成束状，通常有花3~20朵，花疏稀；萼片与萼筒近等长，卵形，端急尖，脉不明显；花冠白色、紫色或蓝色，上唇裂片卵状三角形，下唇中裂片较小，稍突出，倒卵圆形；子房无毛，蒴果球形；种子小而多，呈黄色，种皮上有不规则的网纹。

花果期为4~10月。

用途： 全草可入药，味苦、平。

位置： 路边草地常见，校友林分布较多。

花语： 守秘，沉默不语。

xiǎo lí

小藜

苋科藜属，又名“灰菜”。

***Chenopodium ficifolium* Smith**

Fig-leaved goosefoot，Figleaf goosefoot

特征： 一年生草本植物，高 20~50 厘米；茎直立，具条棱及绿色色条；叶片卵状矩圆形，长 2.5~5 厘米，宽 1~3.5 厘米，通常具三浅裂；中裂片两边近平行，先端钝或急尖并具短尖头，边缘具深波状锯齿；侧裂片位于中部以下，通常各具两浅裂齿；花两性，数朵团集，排列于上部的枝上形成较展开的顶生圆锥状花序；花被近球形，五深裂，裂片宽卵形，不展开，背面具微纵隆脊并有密粉；雄蕊 5 枚，开花时外伸；柱头 2 个，丝形；胞果包在花被内，果皮与种子贴生；种子呈双凸镜状，黑色，有光泽，直径约 1 毫米，边缘微钝，表面具六角形细洼，胚环形。

花期为 4~5 月。

用途： 全草可入药，性甘苦、凉。

位置： 路边草地常见。

花语： 纯真与离别。

津头水满鸳鸯下，墙背风来枳壳香。
何处与君拼坐久，万株花里小藜床。
——明·陈献章《南归途中先寄诸乡友·其二》

zǎo kāi jǐn cài

早开堇菜

堇菜科堇菜属，又名“泰山堇菜”“毛花早开堇菜”。

Viola prionantha **Bunge**

Serrate violet

特征： 多年生草本植物，无地上茎，根状茎垂直，短而较粗；根数条，带灰白色，粗而长，通常皆由根状茎的下端发出，向下直伸，或有时近横生；叶较多，均基生；花大，紫堇色或淡紫色，喉部色淡并有紫色条纹，无香味；花梗较粗壮；子房长椭圆形，无毛，花柱呈棍棒状，基部明显膝曲，上部增粗，柱头顶部平或微凹，两侧及后方浑圆或具狭边缘，前方具不明显短喙，喙端具较狭的柱头孔；蒴果长椭圆形，无毛，顶端钝，常具宿存的花柱；种子较多，呈卵球形，深褐色，常带有棕色斑点。

花果期为 4~9 月。

用途： 全草可入药。早开堇菜的花形较大，色艳丽，早春 4 月上旬开始开花，中旬进入盛花期，是一种美丽的早春观赏植物。

位置： 路边草地有分布，二期工程地区分布较多。

花语： 思慕、沉思、快乐和请思念我。

zǐ huā dì dīng

紫花地丁

堇菜科堇菜属，又名“野堇菜”“光瓣堇菜”。

Viola philippica **Cav.**

Neat philippine violet，Chinese violet

特征： 多年生草本植物，无地上茎；根状茎短，垂直，节密生，淡褐色；基生叶莲座状，下部叶较小，三角状卵形或窄卵形，上部者较大，圆形、窄卵状披针形或长圆状卵形，先端圆钝，基部平截或楔形，具圆齿，两面无毛或被细毛；叶柄果期上部具宽翅，托叶膜质，离生部分线状披针形，疏生流苏状细齿或近全缘；花紫堇色或淡紫色，罕见白色或侧方花瓣粉红色的情况，喉部有紫色条纹；花梗与叶等长或长于叶，中部有双线形小苞片；萼片卵状披针形或披针形，花瓣倒卵形或长圆状倒卵形，内面无毛或有须毛，有紫色脉纹，末端不向上弯；柱头三角形，两侧及后方具微隆起的边缘，顶部略平，前方具短喙；蒴果长圆形，无毛。

花果期为 4~9 月。

用途： 全草可入药；嫩叶可作为野菜食用；还可作为早春观赏花卉。

位置： 在振声苑北侧有成片分布，路边草地也常见。

花语： 诚实。

九服褰靡骋，我怀良郁陶。
憧憧野马尘，送我乘轮飙。
倏轨一超忽，春光满江皋。
黄花菜根味，紫花地丁膏。
——清 · 沈曾植《还家杂诗 · 其一》

ōu zhōu yóu cài

欧洲油菜

十字花科芸薹属，又名“油菜”“油麻菜籽”“麻油菜籽”“甘蓝型油菜”。

***Brassica napus* L.**

Oil seed rape

特征： 一年生或两年生草本植物，高30~50厘米，具粉霜；茎直立，有分枝，仅幼叶有少数散生刚毛；下部叶大头羽裂，顶裂片卵形，顶端圆形，基部近截平，边缘具钝齿；叶柄长2.5~6厘米，基部有裂片；中部及上部茎生叶由长圆椭圆形渐变成披针形，基部心形，抱茎；总状花序伞房状，萼片卵形，花瓣浅黄色，倒卵形；长角果线形，果瓣具一中脉，喙细，长1~2厘米；种子球形，直径约1.5毫米，黄棕色，近种脐处常带黑色，有网状窠穴。

花期为3~4月，果期为4~5月。

用途： 主要作为油料作物，绿色部分和肉质根可作为蔬菜食用，有时候也被作为动物饲料，也可以作为一种观赏植物。

位置： 校友林东侧过道。

花语： 努力奋发向上。

篱落疏疏小径深，树头花落未成阴。
儿童急走追黄蝶，飞入菜花无处寻。
——宋·杨万里《宿新市徐公店》

zhū gě cài

诸葛菜

十字花科诸葛菜属，又名“二月兰”“紫金菜”“菜子花”“短梗南芥”“毛果诸葛菜”“缺刻叶诸葛菜”“湖北诸葛菜”。

Orychophragmus violaceus **(Linnaeus) O. E. Schulz**

Violet orychophragmus

特征： 一年生或两年生草本植物，高度约为 50 厘米；茎直立，单一或上部分枝；基生叶心形，锯齿不整齐；下部茎生叶大头羽状深裂或全裂，顶裂片卵形或三角状卵形，全缘，有尖齿、钝齿或缺刻，基部心形，有不规则钝齿，侧裂片 2~6 对，呈斜卵形、卵状心形或三角形，全缘或有齿；上部叶长圆形或窄卵形，基部耳状抱茎，锯齿不整齐；花紫色或白色，萼片紫色，花瓣宽，呈倒卵形；长角果线形，具四棱；种子卵圆形或长圆形，黑棕色，有纵条纹。

花期为 3~5 月，果期为 5~6 月。

用途： 诸葛菜是我国北方地区不可多得的早春观花，属于冬季观绿的地被植物。

位置： 校友林有成片分布。

花语： 无私奉献，谦逊质朴。

zé zhēn zhū cài

泽珍珠菜

报春花科珍珠菜属，又名“星宿菜”。

Lysimachia candida **Lindl.**

White loosestrife

特征： 一年生或两年生草本植物，全体无毛，茎单生或数条簇生，直立，高10~30厘米，单一或有分枝；基生叶匙形或倒披针形，具有狭翅的柄，开花时存在或早凋；茎叶互生，叶片倒卵形、倒披针形或线形，先端渐尖或钝，基部渐狭，边缘全缘或微皱呈波状，两面均有黑色或带红色的小腺点，无柄或近于无柄；总状花序顶生，苞片线形；花萼分裂近达基部，裂片披针形，边缘膜质，背面沿中肋两侧有黑色短腺条；花冠白色，裂片长圆形或倒卵状长圆形，先端圆钝；雄蕊稍短于花冠，花丝贴生至花冠的中下部；花药近线形，花粉粒具3个孔沟，呈长球形，表面具网状纹饰；子房无毛，蒴果球形，直径2~3毫米。

花期为3~6月，果期为4~7月。

用途： 全草可入药；适宜于作为地被材料、水景材料或盆栽应用。

位置： 二期工程地区，博物馆南侧运动区草坪。

花语： 噙着眼泪的思念。

cháng yào bā bǎo

长药八宝

景天科八宝属，又名“华丽景天”“大叶景天”“八宝”“活血三七”“对叶景天”“白花蝎子草”。

***Hylotelephium spectabile* (Bor.) H. Ohba**

Showy stonecrop

特征： 多年生草本植物，茎直立，高 30~70 厘米；叶对生或三叶轮生，卵形至宽卵形，或长圆状卵形，先端急尖至钝，基部渐狭，全缘或多少有波状齿；花序大，伞房状花序，顶生，花密生，萼片 5 片，线状披针形至宽披针形，渐尖；花瓣 5 片，淡紫红色至紫红色，披针形至宽披针形，雄蕊 10 枚，花药紫色；鳞片 5 片，长方形，先端有微缺；心皮 5 片，狭椭圆形；蓇葖直立。

花期为 8~9 月，果期为 9~10 月。

用途： 可用来布置花坛，做网圈、方块、云卷、弧形、扇面等造景，也可以用作地被植物，其植株整齐、生长健壮，群体效果佳，是布置花境和点缀草坪、岩石园的好材料。

位置： 学生公寓 2 号楼南侧。

花语： 吉祥。

是岁，有禾生景天备火中，三本一茎九穗，长于禾一二尺，盖嘉禾也。
——汉·王充《论衡·吉验》

zé qī
泽漆

大戟科大戟属，又名“五风草”“五灯草”“五朵云”“猫儿眼草”“眼疼花”“漆茎”“鹅脚板”。

Euphorbia helioscopia **L.**

Sun spurge

特征： 一年生草本植物，根纤细，下部分枝；茎直立，单一或自基部多分枝，分枝斜展向上，光滑无毛；叶互生，倒卵形或匙形，总苞叶 5 片，倒卵状长圆形，无柄；花序单生，有柄或近无柄；总苞钟状，光滑无毛，边缘五裂，裂片半圆形，边缘和内侧具柔毛；腺体 4 个，盘状，中部内凹，基部具短柄，淡褐色；雄花数朵，明显伸出总苞外，雌花单朵，子房柄略伸出总苞边缘；蒴果三棱状，阔圆形，光滑无毛，具明显的三纵沟，成熟时分裂为 3 个分果爿；种子卵状，暗褐色，具明显的脊网；种阜扁平状，无柄。

花果期为 4~10 月。

用途： 全草可入药；种子含油量达 30%，可供工业用。

位置： 博物馆与操场之间的花园。

花语： 善变。

yě lǎo guàn cǎo

野老鹳草

牻牛儿苗科老鹳草属，相传唐代名医孙思邈发现了其药用价值。

***Geranium carolinianum* L.**

Carolina crane's-bill

特征： 一年生草本植物，根纤细，单一或分枝；茎直立或仰卧，单一或多数，具棱角，密被倒向短柔毛，直立或仰卧；基生叶早枯，茎生叶互生或最上部对生；托叶披针形或三角状披针形，外被短柔毛；茎下部叶具长柄，柄长为叶片的 2~3 倍，被倒向短柔毛，上部叶柄渐短；叶片圆肾形，基部心形，掌状 5~7 裂近基部，裂片楔状倒卵形或菱形，下部楔形、全缘，上部羽状深裂，小裂片条状矩圆形，先端急尖，表面被短伏毛，背面主要沿脉被短伏毛；花序腋生和顶生，长于叶，被倒生短毛和展开的长腺毛，每个花序梗具双花，花序梗常数个簇生茎端，花序呈伞形；萼片长卵形或近椭圆形，被柔毛或沿脉被展开的糙毛和腺毛；花瓣淡紫红色，倒卵形，稍长于萼，先端圆，雄蕊稍短于萼片；蒴果被糙毛。

花期为 4~7 月，果期为 5~9 月。

用途： 全草可入药，具有祛风收敛和止泻之功效。

位置： 路边草地常见，二期工程地区分布较多。

花语： 吉祥、欢快、警惕、努力。

zhēn yè tiān lán xiù qiú

针叶天蓝绣球

花荵科福禄考属，又名“芝樱”“丛生福禄考”。

Phlox subulata **L.**

Creeping phlox

特征：多年生矮小草本植物，茎丛生，铺散，多分枝，被柔毛；叶对生或簇生于节上，钻状线形或线状披针形，尖锐，被展开的短缘毛，无叶柄；花数朵生于枝顶，形成简单的聚伞花序，花梗纤细，密被短柔毛；花萼外面密被短柔毛，萼齿线状披针形，与萼筒近乎等长；花冠高脚碟状，颜色为淡红色、紫色或白色，裂片倒卵形，凹头，短于花冠管；蒴果长圆形。

花期为 4~5 月和 8~9 月。

用途：针叶天蓝绣球的花期较长，色泽艳丽，气味芳香，故被大量种植于花坛中，或者是和其他的低矮灌木组合种植到花坛中，发挥出了良好的绿化效果。

位置：振声苑西侧花园。

花语：欢迎、大方、温和。

xià zhì cǎo

夏至草

唇形科夏至草属，又名“白花益母”“白花夏枯”“夏枯草”“灯笼棵”。

Lagopsis supina **(Steph. ex Willd.) Ik.-Gal. ex Knorr.**

Marrubium incisum benth

特征： 多年生草本植物，披散于地面或上升，具圆锥形的主根；茎四棱形，具沟槽，带紫红色，密被微柔毛，常在基部分枝；叶轮廓为圆形，通常基部越冬叶较宽大，叶片两面均绿色，上面疏生微柔毛，下面沿脉上被长柔毛，余部具腺点，边缘具纤毛，脉掌状；轮伞花序，花朵排列在枝条上部者较密集，在枝条下部者较稀疏；小苞片弯曲，刺状，密被微柔毛；花萼管状钟形，外密被微柔毛，内面无毛；花冠白色，罕见粉红色，稍伸出于萼筒，外面被绵状长柔毛，内面被微柔毛，在花丝基部有短柔毛；花药卵圆形，双室；花柱先端双浅裂，花盘平顶；小坚果长卵形，褐色，有鳞粃。

花期为 3~4 月，果期为 5~6 月。

用途： 全草可入药，据称功用同益母草。

位置： 博物馆与操场之间的花园。

花语： 负责尽职，是非分明。

chánɡ yè chē qián

长 叶 车 前

车前科车前属，又名“窄叶车前”“欧车前”“披针叶车前”。

***Plantago lanceolata* L.**

Ribwort plantain

特征： 多年生草本植物，直根粗长；根茎粗短，不分枝或分枝；叶基生，呈莲座状，纸质，线状披针形、披针形或椭圆状披针形，先端渐尖或急尖，基部窄楔形，下延，全缘或具极疏小齿；叶柄有长柔毛；穗状花序，有花 3~15 朵，幼时通常呈圆锥状卵圆形，成熟后变短圆柱头或头状，紧密；萼片龙骨突不达顶端，背面常有长粗毛，前对萼片至近先端合生，后对萼片分生；花冠白色，无毛，花冠筒约与萼片等长或稍长；雄蕊着生花冠筒内面中部，与花柱外伸，花药顶端有卵状三角形小尖头，白色或淡黄色；胚珠 2~3 粒；蒴果窄卵球形，于基部上方周裂，种子窄椭圆形或长卵圆形。

花期为 5~6 月，果期为 6~7 月。

用途： 为早春主要牧草之一；全草可入药；种子油为工业用油。

位置： 路边草地常见，如第周苑与淦昌苑一带、振声苑与求新路之间的草地。

花语： 留下足迹。

采采芣苢，薄言采之。采采芣苢，薄言有之。
采采芣苢，薄言掇之。采采芣苢，薄言捋之。
采采芣苢，薄言袺之。采采芣苢，薄言襭之。
——先秦 · 佚名《诗经 · 周南 · 芣苢》
注：芣苢（fú yǐ）即车前草。

xuán fù huā

旋覆花

菊科旋覆花属，又名“猫耳朵”“六月菊”“金佛草”“金佛花”“金钱花”“金沸草”“小旋覆花”“条叶旋覆花”“旋复花”。

Inula japonica **Thunb.**

Japanese inula

特征： 多年生草本植物，根状茎短，横走或斜升，有若干粗壮的须根；茎单生，有时2~3个簇生，直立，有时基部具不定根;基部叶常较小，在花期枯萎，中部叶长圆形、长圆状披针形或披针形；中脉和侧脉有较密的长毛，上部叶渐狭小，线状披针形；头状花序，排列成疏散的伞房花序；总苞半球形，总苞片约6层，线状披针形；外层基部革质，上部叶质，背面有伏毛或近无毛，有缘毛；内层除绿色中脉外，膜质渐尖，有腺点和缘毛；舌状花黄色，舌片线形，管状花花冠有三角披针形裂片；瘦果圆柱形，有10条沟，顶端截形，被疏短毛。

花期为6~10月，果期为9~11月。

用途： 全草可入药。

位置： 路边草地常见。

花语： 别离。

一串金铺簇碧丛，野田高下状童童。
凭君洗我读书眼，收入公门药笼中。
——宋·方一夔《秋花十咏·其三·旋覆花》

zhōng huá xiǎo kǔ mǎi

中华小苦荬

菊科苦荬菜属，又名“山鸭舌草”“山苦荬”“黄鼠草”“小苦苣”“苦麻子”“苦菜”。

Ixeris chinensis **(Thunb.) Nakai**

Chinese ixeris

特征：多年生草本植物，根垂直直伸，通常不分枝，根状茎极短缩；茎直立单生或少数茎成簇生，上部伞房花序状分枝；基生叶长椭圆形、倒披针形、线形或舌形；茎生叶2~4片，极少数单生或无茎叶，呈长披针形或长椭圆状披针形，不裂，边缘全缘，全部叶两面无毛；头状花序通常在茎枝顶端排成伞房花序，总苞圆柱状，总苞片3~4层，外层及最外层宽卵形，顶端急尖，内层长椭圆状倒披针形，顶端急尖；舌状小花黄色，干时带红色；瘦果褐色，长椭圆形，有10条高起的钝肋，肋上有指向上方的小刺毛，顶端急尖成细喙，喙细，细丝状；冠毛白色，微糙。

花果期为4~10月。

用途：全草可入药。

位置：路边草地常见。

花语：纯洁、友善以及真诚、温暖。

但得菜根俱可啖，况于苦荬亦奇逢。
初尝不解回甘味，惯醉方知醒酒功。
茹素无缘荤未断，禅宗有约障难空。
北窗入夏稀盘饤，莫厌频频饷阿侬。
——明·黄正色《苦菜·其一》

zuàn yè zǐ wǎn

钻叶紫菀

菊科联毛紫菀属，又名“剪刀菜”“白菊花”“土柴胡”“九龙箭”“钻形紫菀”。

Symphyotrichum subulatum **(Michx.) G.L.Nesom**

Eastern annual saltmarsh aster

特征： 一年生草本植物，高度可达 1.5 米；主根圆柱状，向下渐狭，茎单一，直立，茎和分枝具粗棱，光滑无毛，基生叶在花期凋落；茎生叶较多，叶片披针状线形，极罕见狭披针形的情况，叶片两面绿色，光滑无毛，中脉在背面凸起，侧脉数对；头状花序，花数极多，花序梗纤细、光滑，总苞钟形，总苞片外层披针状线形，内层线形，边缘膜质，光滑无毛；雌花花冠舌状，舌片淡红色、红色、紫红色或紫色，线形，两性花花冠管状，冠管细；瘦果线状长圆形，稍扁。

花果期为 6~10 月。

用途： 全草可入药。

位置： 多见于路边草地，如二期工程地区。

花语： 反省、追思。

zǐ lù cǎo

紫露草

鸭跖草科紫露草属，又名“鸭舌草”“毛萼紫露草”。

Tradescantia ohiensis **Raf.**

Bluejacket，Spiderwort

特征： 多年生草本植物，茎直立分节、壮硕、簇生，株丛高大；叶互生，每株 5~7 片茎叶，线形或披针形；花序顶生、伞形，花紫色，花瓣、萼片均为 3 片，卵圆形萼片为绿色，广卵形花瓣为蓝紫色；雄蕊 6 枚，3 枚退化，2 枚可育，1 枚短而纤细，无花药；雌蕊 1 枚，子房卵圆形，具三室，花柱细长，柱头呈锤状；蒴果近圆形，无毛，种子呈橄榄形。

花期为 6~10 月。

用途： 在园林中多作为林下地被栽植，既能观花观叶，又能吸附粉尘，净化空气。用紫露草微核监测法监测环境污染很有效，是一种既简单又经济的环境污染监测方法。

位置： 振声苑天井及其西侧。

花语： 尊崇。

yā zhí cǎo

鸭跖草

鸭跖草科鸭跖草属，又名“淡竹叶”“竹叶菜”“鸭趾草”“挂梁青”“鸭儿草”“竹片菜”。

***Commelina communis* L.**

Asiatic dayflower

特征：一年生披散草本植物，茎匍匐生根，多分枝，下部无毛，上部被短毛；叶披针形或卵状披针形；花梗果期弯曲，萼片膜质，内面两片常靠近或合生；花瓣深蓝色，内面两片具爪；蒴果椭圆形，双室，双月裂；种子4粒，棕黄色，一端平截，腹面平，有不规则窝孔。

花期为5~9月，果期为6~11月。

用途：全草可入药。

位置：博物馆周围，二期工程地区。

花语：希望、理想。

扬葩簌簌傍疏篱，薄翅舒青势欲飞。
几误佳人将扇扑，始知错认枉心机。
——宋·杨巽斋《咏碧蝉花》
（注：碧蝉花为鸭跖草古时的别称）

suì mǐ suō cǎo

碎米莎草

莎草科莎草属，又名“三方草”。

***Cyperus iria* L.**

Rice flat sedge

特征： 一年生草本植物，无根状茎，具须根；秆丛生，细弱或稍粗壮，高 8~85 厘米，扁三棱形，基部具少数叶，叶短于秆，宽 2~5 毫米，平张或折合，叶鞘红棕色或棕紫色；小坚果倒卵形、椭圆形或三棱形，与鳞片等长，褐色，具较密的微突起细点。

花果期为 6~10 月。

用途： 全草可入药，从根部提取的生物碱具有开发为生物源性杀菌剂的潜力。

位置： 路边草地常见。

花语： 爱的信件。

yì guǒ tái cǎo

翼果薹草

莎草科薹草属，为野生花卉，适应性强。

Carex neurocarpa **Maxim.**

Wingfruit sedge

特征： 秆丛生，全株密生铁锈色点线；株粗壮，扁钝三棱形，平滑，基部叶鞘无叶片，呈淡黄铁锈色；叶短于或长于秆，边缘粗糙，先端渐尖，基部具鞘，鞘腹面膜质，铁锈色，苞片下部的呈叶状，长于花序，无鞘，苞片上部的呈刚毛状；小穗较多，雄雌顺序，卵形；穗状花序紧密，呈尖塔状圆柱形；果囊卵形或宽卵形，稍扁，膜质，密生锈点，细脉多条，无毛，中部以上边缘具微波状宽翅，锈黄色，上部具锈点，基部具海绵状组织，具短柄，顶端骤缩成喙，喙口双齿裂；小坚果疏松包于果囊中，呈卵形或椭圆形，平凸状，淡棕色，平滑有光泽，柄短，具小尖头；花柱基部不膨大，柱头两裂。

花果期为6~8月。

用途： 在体外实验中发现，其提取物具有抗病毒作用。

位置： 二期工程地区。

花语： 清新长绿。

zǐ è
紫萼

天门冬科玉簪属，又名“紫萼玉簪”。

***Hosta ventricosa* (Salisb.) Stearn**

Blue plantain lily

特征： 根状茎，叶卵状心形、卵形至卵圆形，先端通常近短尾状或骤尖，基部心形或近截形，极少数叶片基部下延而略呈楔形，具7~11对侧脉；花葶具10~30朵花，苞片矩圆状披针形，白色，膜质；花单生，盛开时从花被管向上骤然呈近漏斗状扩大，显紫红色；雄蕊伸出花被之外，完全离生；蒴果圆柱状，有三棱。

花期为6~7月，果期为7~9月。

用途： 各地常见，供观赏；可入药，内服和外用均可。

位置： 食堂北侧。

花语： 思念、浪漫、喜悦。

紫萼扶千蕊，黄须照万花。
忽疑行暮雨，何事入朝霞。
恐是潘安县，堪留卫玠车。
深知好颜色，莫作委泥沙。
——唐·杜甫《花底》

xuān cǎo

萱草

阿福花科萱草属，又名“摺叶萱草”“黄花菜”。

Hemerocallis fulva **(L.) L.**

Orange day-lily

特征： 多年生草本植物，根状茎粗短，具肉质纤维根，多数膨大呈窄长纺锤形；叶基形成丛，条状披针形，背面被白粉；夏季开橘黄色大花，花葶长于叶；圆锥花序顶生，有花 6~12 朵，有小的披针形苞片；花被基部呈粗短漏斗状，花被 6 片，展开并向外反卷，外轮 3 片，内轮 3 片，边缘稍呈波状；雄蕊 6 枚，花丝长，着生花被喉部；子房上位，花柱细长。

花果期为 5~7 月。

用途： 花色鲜艳，容易种植，且春季萌发早，绿叶成丛，极为美观；可入药，具有清热利尿、凉血止血之功效。

位置： 校友林有成片分布。

花语： 遗忘的爱，隐藏心情，放下忧愁。

芳草比君子，诗人情有由。
只应怜雅态，未必解忘忧。
积雨莎庭小，微风藓砌幽。
莫言开太晚，犹胜菊花秋。
——唐·李咸用《萱草》

xiè bái

薤白

石蒜科葱属，又名“小根蒜”“羊胡子”“山蒜”“藠头”“独头蒜”。

***Allium macrostemon* Bunge**

Long-stamen chive

特征： 鳞茎近球状，基部常具小鳞茎;鳞茎外皮带黑色，纸质或膜质，不破裂，但在标本上多因脱落而仅存白色的内皮；叶 3~5 片，半圆柱状，或因背部纵棱发达而为三棱状半圆柱形，中空，上面具沟槽，比花葶短；花葶圆柱状，总苞两裂，比花序短；伞形花序半球状至球状，具多而密集的花，或间具珠芽，或有时全为珠芽；小花梗近等长，比花被片长 3~5 倍，基部具小苞片；花丝等长，在基部合生，并与花被片贴生，分离部分的基部呈狭三角形扩大，向上收狭成锥形；子房近球状，腹缝线基部具有帘的凹陷蜜穴；花柱伸出花被外。

花果期为 5~7 月。

用途： 可入药，也可作为蔬菜食用，在少数地区已有种植。

位置： 校友林和华岗苑东侧草地。

花语： 优美纯洁。

种黍三十亩，雨来苗渐大。种薤二十畦，秋来欲堪刈。
望黍作冬酒，留薤为春菜。荒村百物无，待此养衰瘵。
葺庐备阴雨，补褐防寒岁。病身知几时，且作明年计。

——唐 · 白居易《村居卧病三首》

yuān wěi

鸢尾

鸢尾科鸢尾属，又名“老鸹蒜”“蛤蟆七”“扁竹花”“紫蝴蝶”“蓝蝴蝶”“屋顶鸢尾”。

***Iris tectorum* Maxim.**

Roof iris

特征： 多年生草本植物，植株基部围有老叶残留的膜质叶鞘及纤维；根状茎粗壮，二歧分枝；叶基生，黄绿色，宽剑形，无明显中脉；花茎顶部常有1~2条侧枝，苞片2~3片，绿色，草质，披针形，包1~2朵花；花蓝紫色，花被筒细长，上端喇叭形，外花被裂片圆形或圆卵形，有紫褐色花斑，中脉有白色鸡冠状附属物，内花被裂片椭圆形，爪部细;花药鲜黄色，花柱分枝扁平，淡蓝色，顶端裂片呈四方形，子房呈纺锤状柱形；蒴果长椭圆形或倒卵圆形；种子梨形，黑褐色。

花期为4~5月，果期为6~8月。

用途： 其根状茎可入药；此外鸢尾对氟化物敏感，可用于监测环境污染。

位置： 振声苑西北侧。

花语： 爱的使者、爱的消息。

钻破故纸我拙计，该贯众史子得意。签排百部象齿悬，陟厘万张蝇头字。
分甘遂如百两金，作苦耽成五车记。地锦天花出妙机，琼田水英生爽气。
诗成欲度甫白前，冠弹请继王阳起。天门冬夏鸢尾翔，香芸台阁龙骨蜕。
任真朱子老无用，得时罗君政如此。今宵月白及风清，想君不作呼卢会。
泉石膏肓肯过予，饮量定能加五倍。

——宋·朱翌《夜梦与罗子和论药名诗》

蒹葭苍苍

shuì lián

睡莲

睡莲科睡莲属，又名“子午莲”“粉色睡莲”“野生睡莲”“矮睡莲”“侏儒睡莲”。

Nymphaea tetragona **Georgi**

Water lily

特征： 多年生水生草本植物，根茎粗短；叶漂浮，薄革质或纸质，心状卵形或卵状椭圆形，基部具深弯缺，全缘，上面深绿色，光亮，下面带红或紫色，两面无毛，具小点；花梗细长，萼片 4 片，宽披针形或窄卵形，宿存；花瓣 8~17 片，白色，宽披针形、长圆形或倒卵形，长 2~3 厘米；雄蕊约 40 枚；柱头辐射状裂片 5~8 片；浆果球形，为宿萼包被；种子椭圆形，黑色。

花期为 6~8 月，果期为 8~10 月。

用途： 根状茎含淀粉，可供食用或酿酒；全草可作绿肥。

位置： 二期工程地区人工湖。

花语： 洁净、纯真，出淤泥而不染。

燎沉香，消溽暑。鸟雀呼晴，侵晓窥檐语。
叶上初阳干宿雨，水面清圆，一一风荷举。
——宋·周邦彦《苏幕遮·燎沉香》

huáng chāng pú

黄菖蒲

鸢尾科鸢尾属，又名“黄花鸢尾”“水生鸢尾”“黄鸢尾”“水烛”。

***Iris pseudacorus* L.**

Yellow flag

特征： 多年生草本植物，植株基部围有少量老叶残留的纤维；根状茎粗壮，直径可达2.5厘米，斜伸，节明显，黄褐色；须根黄白色，有皱缩的横纹；基生叶灰绿色，宽剑形，顶端渐尖，基部鞘状，色淡，中脉较明显；花茎粗壮，有明显的纵棱，上部分枝，茎生叶比基生叶短而窄；苞片3~4片，膜质，绿色，披针形，顶端渐尖；花黄色，外花被裂片，卵圆形或倒卵形，爪部狭楔形，中央下陷呈沟状，有黑褐色的条纹，内花被裂片较小，倒披针形，直立；雄蕊长约3厘米，花丝黄白色，花药黑紫色。

花期为5月，果期为6~8月。

用途： 适应范围广泛，可在水边或露天种植，又可在水中挺水栽植，是少有的既能水生又能陆生的花卉，观赏价值较高。

位置： 华岗苑东侧小池塘附近。

花语： 信者之福。

夜分饮散酒家垆，归路迢迢月满湖。
小竖窃言翁未醉，入门犹记露菖蒲。
——宋·陆游《醉归》

lín yīn shǔ wěi cǎo

林荫鼠尾草

唇形科鼠尾草属，又名“森林鼠尾草”。

Salvia nemorosa **L.**

Woodland sage

特征： 多年生草本植物，株高 50~90 厘米；叶对生，长椭圆状或近披针形，叶面皱，先端尖，具柄；轮伞花序再组成穗状花序，长达 30~50 厘米，花冠双唇形，略等长，下唇反折，颜色为蓝紫色或粉红色。花期为 5~10 月。

用途： 庭园观赏植物。

位置： 华岗苑东侧小池塘附近，曦园食堂南侧绿化带。

花语： 家庭和睦。

苔痕上阶绿，草色入帘清。

——唐·刘禹锡《陋室铭》

shuǐ zhú
水烛

香蒲科香蒲属，又名“蜡烛草”。

***Typha angustifolia* L.**

Lesser bulrush

特征： 地上茎直立，粗壮，高1.5~3米；根状茎乳黄色、灰黄色，先端白色；叶片上部扁平，中部以下腹面微凹，背面向下逐渐隆起呈凸形，下部横切面呈半圆形，细胞间隙大，呈海绵状，叶鞘抱茎；雄花序轴具褐色扁柔毛，单出或分叉；叶状苞片1~3片，开花后脱落；雌花序基部具单枚叶状苞片，通常比叶片宽，开花后脱落；雄花由3枚雄蕊合生，有时也由2枚或4枚雄蕊合生，花药长约2毫米，长矩圆形，花粉单体，近球形、卵形或三角形；小坚果长椭圆形，具褐色斑点，纵裂，种子深褐色。

花果期为6~9月。

用途： 水烛的经济价值较高，是重要的水生经济植物之一，如花粉（即蒲黄）可入药，叶片可用于编织、造纸等，幼叶基部和根状茎先端可作蔬食，雌花序可作枕芯和坐垫的填充物；另外，水烛的叶片挺拔，花序粗壮，常作为观赏花卉。

位置： 华岗苑东侧小池塘附近。

花语： 卑微。

彼泽之陂，有蒲与荷。有美一人，
伤如之何？寤寐无为，涕泗滂沱。
——先秦·佚名《诗经·陈风·泽陂》

shuǐ cōng

水葱

莎草科水葱属，又名“南水葱”。

***Schoenoplectus tabernaemontani* (C. C. Gmelin) Palla**

Softstem bulrush

特征： 秆圆柱状，高1~2米，平滑，基部叶鞘3~4个，鞘长可达38厘米，膜质，最上部叶鞘具叶片，呈线形；苞片单生，为秆的延长，直立，钻状，常短于花序，罕见长于花序的情况；长侧枝聚伞花序简单或复出，假侧生，辐射枝4~13条或更多，一面凸、一面凹，边缘有锯齿；小穗单生或2~3簇生，辐射至枝顶端，卵形或长圆形，多花；鳞片椭圆形或宽卵形，先端稍凹，具短尖，膜质，棕色或紫褐色，背面有铁锈色小点状突起，单脉，边缘具缘毛；下位刚毛6条，等长于小坚果，红棕色，有倒刺；雄蕊3枚，花药线形，药隔突出；花柱中等长度，柱头2~3个，长于花柱；小坚果倒卵形或椭圆形，呈双凸状，呈菱形的情况罕见。

花果期为6~9月。

用途： 可作为观赏植物栽植，云南一带常取其秆作为编席的材料。

位置： 二期工程地区人工湖。

花语： 整洁。

山中人兮欲归，云冥冥兮雨霏霏。
水惊波兮翠菅蘼，白鹭忽兮翻飞，君不可兮褰衣。
——唐 · 王维《归山》

qiān qū cài

千屈菜

千屈菜科千屈菜属，又名“水枝锦”“水芝锦”“水柳”“中型千屈菜”“光千屈菜”。

Lythrum salicaria **L.**

Purple loosestrife

特征： 多年生草本植物，根茎粗壮；叶对生或三片轮生，披针形或宽披针形，长4~10厘米，宽0.8~1.5厘米，先端钝或短尖，基部圆形或心形，有时稍抱茎，无柄；聚伞花序，簇生，花梗及花序梗甚短，花枝似一大型穗状花序，苞片宽披针形或三角状卵形。

花期为7~8月。

用途： 千屈菜为花卉观赏植物，我国华北、华东地区常于水边或作为盆栽种植，供观赏用；全草可入药。

位置： 华岗苑东侧小池塘附近，二期工程地区人工湖。

花语： 孤独。

长在河岸上的千屈菜，开着谁也不认识的花。河水流了很远很远，一直流到遥远的大海。在很大、很大的大海里，在一滴很小、很小的水珠里，还一直思念着谁也不认识的千屈菜。它是从寂寞的千屈菜的花里，滴下的那颗露珠。

——[日本]金子美铃《千屈菜》

dí
荻

禾本科荻属，是一种多用途草类。

***Miscanthus sacchariflorus* (Maximowicz) Hackel**

Amur silvergrass

特征： 多年生植物，具有发达的、被鳞片的长匍匐根状茎，节处生有粗根与幼芽；秆直立，具10多节，节生柔毛；叶鞘无毛，上部者稍短于其节间；叶舌短，具纤毛，叶片扁平，宽线形，除上面基部密生柔毛外两面无毛，边缘呈锯齿状粗糙，基部常收缩成柄，顶端长渐尖，中脉白色，粗壮；圆锥花序疏展成伞房状；主轴无毛，具10~20条较细弱的分枝，腋间生柔毛，直立后展开；总状花序，轴节间长4~8毫米或具短柔毛;小穗柄顶端稍膨大，基部腋间常生有柔毛;小穗线状披针形，成熟后带褐色，基盘具有长度为小穗两倍的丝状柔毛；雄蕊3枚，花药长约2.5毫米；柱头紫黑色，自小穗中部以下的两侧伸出；颖果长圆形，长约1.5毫米。

花果期为8~10月。

用途： 优良的防沙护坡植物。

位置： 振声苑北楼东侧。

花语： 伤心。

夔府孤城落日斜，每依北斗望京华。听猿实下三声泪，奉使虚随八月查。
画省香炉违伏枕，山楼粉堞隐悲笳。请看石上藤萝月，已映洲前芦荻花。
——唐·杜甫《秋兴八首·其二》

lú wěi

芦苇

禾本科芦苇属，又名“苇”“芦”“芦笋”“蒹葭”“苇子”。

Phragmites australis **(Cav.) Trin. ex Steud.**

Common reed

特征：多年生植物，秆具20多节，最长节间位于下部第4~6节，节下被腊粉；叶鞘下部者短于上部者，长于节间；叶舌边缘密生一圈长约1毫米的纤毛，两侧缘毛长3~5毫米，易脱落；圆锥花序，分枝多，着生稠密下垂的小穗；颖具三脉，第一颖长约4毫米，第二颖长约7毫米，第一不孕外稃雄性，长约1.2厘米，第二外稃长约1.1厘米，先端长，渐尖，基盘长，两侧密生等长于外稃的丝状柔毛，与无毛的小穗轴相连接处具关节，成熟后易自关节处脱落；内稃长约3毫米，两脊粗糙；颖果长约1.5毫米。

花果期为8~12月。

用途：芦苇为固堤造陆的先锋环保植物，秆为造纸原料，或作为编席织帘及建棚的材料；茎、叶嫩时可作饲料；根状茎可入药。

位置：振声苑东侧小池塘附近，二期工程地区。

花语：坚韧、自尊又自卑的爱。

蒹葭苍苍，白露为霜。
所谓伊人，在水一方。
溯洄从之，道阻且长。
溯游从之，宛在水中央。
——先秦·佚名《诗经·国风·秦风·蒹葭》

lú zhú
芦竹

禾本科芦竹属，又名“花叶芦竹”“毛鞘芦竹”。

***Arundo donax* L.**

Giant reed

特征： 多年生草本植物，具发达的根状茎；秆粗大直立，坚韧，多节，常生分枝；叶鞘长于节间，无毛或颈部具长柔毛；叶片扁平，上面与边缘微粗糙，基部白色，抱茎;圆锥花序极大，长30~90厘米，分枝稠密，斜升；颖果细小，呈黑色。

花果期为9~12月。

用途： 各地庭园均有引种栽植，其茎纤维长，长宽比值大，纤维素含量高，是制优质纸浆和人造丝的原料；幼嫩枝叶的粗蛋白含量高达12%，是牲畜的优质青饲料。

位置： 振声苑东侧小池塘附近。

花语： 拘谨。

芦竹丛高荫石阑，菩提香远出林端。
雁声忽断梧桐雨，草阁秋深倚暮寒。
——元 · 艾性夫《题龟峰僧阁》

huā yè lú zhú

花叶芦竹

禾本科芦竹属，又名“玉带草”。

***Arundo donax* var. *versicolor* stokes**

White stripe Giant reed

特征： 多年生草本植物，根状茎发达；高度可达 6 米，坚韧，常生分枝；叶鞘长于节间，叶舌截平，叶片伸长，具白色纵长条纹而甚美观；圆锥花序极大，分枝稠密，小穗含小花，颖果细小，呈黑色。

花果期为 9~12 月。

用途： 常引种作为庭园观叶植物。

位置： 振声苑东侧小池塘附近。

花语： 淡泊宁静。

风声卷芦竹，雪意满江天。水落石可数，沙寒鸥自眠。
回头渺城郭，留眼寄山川。老去重来否，吟馀一惘然。
——宋·孙应时《寄同舍》

中文名索引
Index to Chinese Names

J

K

L

M

N

O

Y

Z

拉丁名索引
Index to Scientfic Names

M

N

O

P

Q

R

主要参考文献

[1] 中国科学院中国植物志编辑委员会 . 中国植物志 [M/OL]. 北京 ： 科学出版社，1999[2021-09-01].http://www.iplant.cn/frps.

[2]张淑萍，纪红，郭卫华，等编著. 山大草木图志（中心校区和洪家楼校区）[M].济南：山东大学出版社，2021.

[3]中国科学院植物研究所编. 新编拉汉英植物名称[M].北京：航空工业出版社，1996.

[4]刘冰. 中国常见植物野外识别手册（山东册）[M].北京：高等教育出版社，2009.

草木有情，花果有趣

——写在《山大草木图志（青岛校区）》即将出版之时

斗转星移，草木枯荣，自成立至今，山东大学走过了一百二十年的光辉历程，迎来了百廿华诞。在这非同寻常的时刻，我们怀着感恩和祝福的心情为山大校庆献上这本《山大草木图志（青岛校区）》。坐落于崂山北麓、鳌山湾畔的山东大学青岛校区至今已经正式启用了五个年头，校园里处处散发着绿色的活力，这得益于青岛独特的海洋性气候条件，使得校园里遍布花草树木，到处生机盎然。草木是古今文人墨客的灵感源泉，是人文情怀的物质体现。在这片崭新的校区，多姿多彩的草木世界值得师生们去欣赏和探究。

山东大学有多个校园，校园绿化各具特色。其中，中心校区的参天法桐、趵突泉校区的欧式花园、洪楼校区的高大栾树、威海校区的茂密松林、青岛校区的多种樱花，都是校园文化的重要组成部分，是“生态校园”的具体体现。它们既是师生们休憩、游览、拍照的场景，也是学生学习“植物学”“生物多样性”等课程时实习、认知的对象和素材，更是学子们对母校的美好留恋和记忆！山东大学在最近几年非常重视对校园植物的研究，如赵宏教授编写出版了《山东大学威海校园植物》一书；张淑萍副教授经过多年的研究，完成了《山大草木图志（中心校区和洪家楼校区）》一书，作为该书的姊妹篇，本书的编写和出版也借鉴了之前的经验。

山东大学生命科学学院于 2018 年从中心校区正式搬迁至青岛校区。早在筹备济南两个校区的草木图志时，我们便萌生了编撰青岛校区的草木图志的想法。在编写计划得到各方面的肯定与支持之后，我们从 2019 年开始用单反相机记录青岛校区植物的影像资料。在记录期间，我们几乎走遍了青岛校区的每一寸土地，尽可能地调查记录全部的植物物种。最终，我们共记录了 400 余种植物及其变种，并挑选出了约 175 种校园里最常见和有纪念意义的植物。陶醉在校区景色中的同时，我们也深深地为植物的精巧而感到惊艳。整理资料与检索相关植物文化的同时，我们也不由地感叹：“草木有情，花果有趣！”一草一木，一花一果，竟可以寄托出如此丰富的人文情感——或如迎春花的欢愉，或如鼠尾草的愁思，又有乌桕的感伤，更有腊梅的傲寒之志。植物，除了引起我们探索自然之理的好奇心之外，更是人们情感的载体，也引发着人文与科学之间的思想碰撞。

借鉴《山大草木图志（中心校区和洪家楼校区）》一书的写作经验，本书的物种信息依然是将《中国植物志》中的相关内容进行归纳与简化，并参考了其他文献。书中引用的相关文化内容涵盖古今中外。本书旨在表达花草世界传递给人们的视觉上的自然美和心理上的情趣，以求激发我们对生活和自然的热爱与追求。

本书得以顺利出版，真心感谢领导、老师、同学和朋友的帮助与鼓励。感谢所有支持过我们的人，大家就像一道温暖的光，关怀并激励着我们前行。感谢山东大学（青岛）学生会、学生在线（青岛）、一多书院学生会与从文书院学生会联合出品，生命科学学院 2018 级本科生王一辰同学手绘的山东大学青岛校区地图，感谢原青岛校区张永兵书记和生命科学学院副院长张伟教授为本书作序，感谢王德华教授、方雷教授、陈雪香教授和李济时教授力荐此书，感谢刘冰校友帮助鉴定物种，感谢研究生院的鲁妮妮老师提供的部分物种照片。还要特别感谢生命科学学院领导、同事、研究生与本科生们给予的支持与帮助，也非常感谢校内外热爱生活、热爱自然的朋友给予的关怀与鼓励。还要感谢山东大学出版社的编辑们的辛勤付出！还有家人们在生活方面给予的体贴关怀，也在此一并感谢！

本书虽不是严格意义上的科普手册，但它寄托了作者对一花一木的美好情感，以及对山东大学真挚的校园情怀。全书由王蕙策划和统稿，张淑萍和贺同利审核，郑培明撰写，张春雨参与编写植物名录、索引、植物信息、位置，张沁媛、杨文军、尹婷婷、宋美霞、张扬、刘洪祥撰写了部分植物的信息、用途、文化内容，董继斌、孙露、秦思琪、崔阳哲、冯脉宣参与了物种拍摄工作，吴盼、崔可宁、毕赫洁参与了原书稿的编辑排版工作。本书的出版也是给各位编写人员的一份回报。

由于作者的水平和时间所限，本书的错漏之处在所难免，希望能得到各位读者朋友的批评指正。感谢大家的帮助与支持，您对我们的意见和建议，请发送到我的邮箱，我们表示衷心的感谢！

王　蕙

wanghui1227@sdu.edu.cn

2021 年 9 月 10 日于青岛